Rachid Zirmi
Alain Portavoce
Mohamed Said Belkaid

Le silicium et le manganèse pour la thermoélectricité

Rachid Zirmi
Alain Portavoce
Mohamed Said Belkaid

Le silicium et le manganèse pour la thermoélectricité

Appliquer la technologie du silicium pour la fabrication de modules thermoélectriques écologiques en VLSI

Presses Académiques Francophones

Imprint
Any brand names and product names mentioned in this book are subject to trademark, brand or patent protection and are trademarks or registered trademarks of their respective holders. The use of brand names, product names, common names, trade names, product descriptions etc. even without a particular marking in this work is in no way to be construed to mean that such names may be regarded as unrestricted in respect of trademark and brand protection legislation and could thus be used by anyone.

Cover image: www.ingimage.com

Publisher:
Presses Académiques Francophones
is a trademark of
International Book Market Service Ltd., member of OmniScriptum Publishing Group
17 Meldrum Street, Beau Bassin 71504, Mauritius

Printed at: see last page
ISBN: 978-3-8416-3711-6

Copyright © Rachid Zirmi, Alain Portavoce, Mohamed Said Belkaid
Copyright © 2016 International Book Market Service Ltd., member of OmniScriptum Publishing Group
All rights reserved. Beau Bassin 2016

Sommaire

Chapitre I : Théorie et Applications de la Thermoélectricité ... 3
Partie A : les principes de la thermoélectricité ... 4
1.   Transfert thermique ... 4
1.1.   Différents modes de transfert thermique ... 4
a.   Transfert par convection : ... 4
b.   Transfert par rayonnement ... 4
c.   Transfert par conduction ... 4
1.2.   Equilibre thermique et température dans les solides ... 4
1.3.   Diffusion de la chaleur dans les structures solides ... 5
1.4.   Modélisation de la diffusion de chaleur ... 5
1.4.1. Loi de Fourier ... 5
1.4.2. Conductivité thermique dans les solides ... 6
2.   Effets thermoélectriques ... 8
2.1.   Effet Seebeck ... 8
2.2.   Effet Peltier ... 9
2.3.   Effet Thomson ... 9
2.4.   Les relations de Kelvin ... 10
3.   Facteur de puissance et facteur de mérite d'un matériau thermoélectrique ... 10
4.   les matériaux thermoélectriques ... 11
4.1.   Les matériaux conventionnels ... 12
4.2.   Optimisation des matériaux thermoélectriques ... 12
Partie B : Applications de la thermoélectricité ... 14
1.   Générateurs Thermoélectriques ... 14
1.1.   Le Thermocouple ... 14
1.2.   Les GTE à deux types d'éléments thermoélectriques (GTE classiques) ... 15
2.   L'anisotropie thermoélectrique ... 16
2.1.   Définitions ... 16
2.2.   Applications des thermoéléments anisotropes ... 17
Références ... 18

Chapitre II : Croissance des siliciures en films minces ... 21
1.   Généralités sur la diffusion réactive et la formation de siliciures. ... 23
1.1.   Généralités : Germination et diffusion ... 23
1.1.1. La germination et ses mécanismes ... 23
1.1.2. La diffusion et ses principaux mécanismes ... 25
a.   Mécanisme lacunaire ... 25
b.   Mécanisme interstitiel direct ... 25
b.   Mécanisme auto-interstitiel indirect ... 25
1.1.3. Loi de Fick et équation de Fick ... 26
a.   Loi de Fick ... 26
b.   Equation de Nernst-Einstein ... 27
1.2.   Couple de diffusion en films minces ... 28
1.2.1. Croissance d'une seule phase par réaction à l'état solide ... 29
a. Croissance limitée par la réaction ... 30
b. Croissance limitée par la diffusion ... 31

1.2.2. Formation simultanée ... 32
1.2.3. Formations séquentielles ... 33
Références ... 34

Chapitre III : siliciures de manganèse ... 39
1. Introduction ... 39
2. Formation des siliciures de manganèses ... 39
   a. Diagramme de phases Mn-Si ... 39
   b) Formation des siliciures de manganèse en film minces ... 40
3. Caractéristiques des différents siliciures de manganèse riches en manganèse ... 46
4. Caractéristiques des HMS ... 47
   4.1. Structures des HMS ... 47
   4.2. Le concept « Nowotny Chimney-Ladder » dans les phases HMS ... 48
   4.3. Les règles empiriques dans les HMS ... 49
   4.3.1. La règle du pseudo axe c ... 49
   4.3.2. La règle des 14 électrons ... 49
   4.3.3. Propriétés thermoélectriques des HMS ... 52
Références ... 53

Chapitre IV : Procédures expérimentales ... 57
1. Techniques d'élaboration des couches sur substrat de silicium ... 59
   1.1. Nettoyage des substrats ... 59
   1.2. Dépôt par Pulvérisation Cathodique ... 59
   a. Principe et description de l'équipement ... 60
   b. Conditions de dépôt ... 61
   1.3 Dépôt par Evaporation ... 62
   1.3.1. Principe et description de l'équipement ... 62
   1.3.2. Conditions de dépôt ... 63
   1.4. Recuit thermique dans un four classique ... 64
   1.5. Recuit thermique rapide ... 65
2. Caractérisation des échantillons ... 67
   2.1 Diffraction des Rayons X ... 67
   2.1.1. Principe de la diffraction des Rayons X ... 67
   2.1.2. Conditions expérimentales ... 71
   a. Identification des phases ... 71
   b. Identification de la texturation ... 73
   2.2. Mesures de résistivité ... 73
   2.3. Spectroscopie Auger ... 75
   2.4. Microscopie à Force Atomique AFM ... 77
   a. Principe ... 77
   b. Mode non-contact ... 78
   c. mode contact ... 78

Chapitre V : résultats expérimentaux et discussion ... 81

Partie A: Traitements à basses et moyennes températures ... 83
1. Caractérisation de la couche déposée ... 83
   1.1. Mesure de l'épaisseur de la couche déposée (réflectivité) ... 83

1.2.	Caractérisation du dépôt par DRX	84
2.	Réactions aux basses températures (T < 450 °C).	85
2.1.	Caractérisation in situ	85
2.1.1.	Diffraction des Rayons X	85
2.1.2.	Mesure de résistances de surface in situ	86
2.2.	Caractérisations ex situ	87
2.2.1.	Caractérisation de la surface	87
2.2.2.	Caractérisation par MEB d'une coupe transversale	88
2.2.3.	Caractérisation par DRX ex situ	89
2.2.4.	Caractérisation par AES (Auger)	89
2.3.	Discutions des résultats des traitements à basses températures	91
2.3.1.	Séquence de formation	91
2.3.2.	Les phases obtenues à 400 °C	95
2.3.3.	Résumé de la formation des phases aux basses températures dans le système Mn/si en films minces	96
3.	Réactions aux températures moyennes et apparition des HMS	98
3.1.	Séquence de formation des phases - caractérisation DRX in situ	98
3.2.	Caractérisation DRX ex situ après différents traitements thermiques	99
3.2.1.	Effet de l'épaisseur sur la température de formation des phases	99
3.2.2.	Effet de l'épaisseur sur la phase HMS à 700°C	100
3.3.	Discussion des résultats obtenus en températures moyennes	103
3.3.1.	Séquence de formation des phases	103
3.3.2.	Effet de l'épaisseur sur la température de formation du HMS	104
3.3.3.	Effets de l'épaisseur sur la phase HMS à 700 °C	105
3.4.	Résumés des températures moyennes	106
Parie B : Traitements à hautes températures		108
1.	Phases obtenues à hautes températures	108
1.1.	Caractérisation DRX in situ (grande chambre)	108
1.1.1.	Traitement thermique par étapes	108
1.1.2.	Traitements thermiques par isothermes	109
1.2.	Traitement thermique dans four classique (caractérisation DRX ex-situ)	110
1.3.	Traitement par RTP (caractérisation ex-situ)	113
1.3.1.	Caractérisation par DRX	113
1.3.2.	Evolution de l'intensité des pics et de la résistance de surface	114
1.3.3.	Synthèse de l'évolution des phases pour les hautes températures	116
2.	Evolution de l'état de la surface (rugosité) dans les traitements HT	118
2.1.	Evolution de la surface avec le traitement dans la chambre HT	118
2.2.	Evolution de la surface avec le traitement par RTP	119
2.2.1.	Evolution avec la vitesse de chauffe	119
2.2.2.	Evolution avec le temps d'exposition à 900°C	121
2.2.3.	Conclusion sur le traitement RTP à 900°C	122
2.3.	Evolution avec le traitement classique	123
2.3.1.	Traitement pour des temps moyens (2h)	123
2.3.2.	Traitement long (18h et plus)	124
3.	Texturation de la phase $Mn_{15}Si_{26}$ obtenue aux HT	125
3.3.	Caractérisation de la Texturation par des méthodes de DRX	125

3.3.1. Apparition des pics de la phase $Mn_{15}Si_{26}$ 125
3.3.2. Mise en évidence de la texturation par la méthode des offsets 126
3.4. Figures de pôles 127
3.5. Plans d'épitaxie du Mn15Si26 sur Si (100) 129
4. Caractéristiques thermoélectriques 129
4.1. Résistance de surface 130
4.2. Pouvoir thermoélectrique 130
4.3. Facteur de puissance 131
4.4. Conductivité thermique 132
Références 133
Conclusion Générale 137

Introduction

La consommation énergétique dans le monde, aujourd'hui, est environ 100 fois plus importante que celle d'il y a 20 ans. Nos sources primaires sont pour la plupart des combustibles fossiles, très polluants et dont les réserves sont épuisables. Par exemple les réserves en pétrole, actuellement la principale source d'énergie, seront bientôt épuisées, et l'approvisionnement même de tous les combustibles fossiles pourrait s'achever dans quelques dizaines d'années. La recherche se tourne alors vers les énergies renouvelables à savoir l'énergie photovoltaïque, éolienne, thermoélectrique et d'autres formes d'énergies inépuisables, propres et écologiques (respectant mieux l'environnement).

L'évolution de la recherche en thermoélectricité est passée par trois périodes principales. La première (de 1821 aux années 50 du même siècle) est marquée par les découvertes des trois principaux effets de la thermoélectricité (Seebeck, Peltier et Thomson). Le rendement trop faible pour envisager une concurrence avec les autres sources d'énergie, même les renouvelables, a donné naissance à une deuxième période marquée par un long désintérêt pour ce domaine. Un regain d'intérêt pour la thermoélectricité est apparu avec l'émergence des préoccupations environnementales marquée par la découverte des effets du CFC et des émissions de gaz à effet de serre qui ont donné naissance aux protocoles de Montréal et Kyoto en 1990 et 2000.

En 2010, des constructeurs automobiles ont commencé à introduire des modules de génération d'électricité à partir de la chaleur dégagée par le tuyau d'échappement du véhicule. C'est ainsi que 10% des 60% de l'énergie perdue est récupéré pour alimenter l'électronique embarquée du véhicule; on gagne ainsi 10% de combustible.

Avec le regain d'intérêt pour la thermoélectricité, beaucoup d'applications ont vu le jour comme par exemple l'alimentation des composants électroniques (dont l'autonomie de fonctionnement est nécessaire ou encore travaillant dans des milieux nocifs), la ventilation, le refroidissement thermoélectrique et la réfrigération. Les résultats obtenus dans ce domaine sont intéressants, même si les rendements restent relativement faibles comparés aux sources d'énergie conventionnelles.

D'un point de vue industriel, le développement de modules thermoélectriques doit impérativement surmonter trois obstacles : une fabrication possible à grande échelle, le respect de l'environnement et un rendement thermoélectrique élevé (donc un facteur de mérite élevé pour les matériaux) ; Les dispositifs qui sont actuellement fabriqués sont quasiment tous à base de Bi_2Te_3 ou de leurs dérivés. Ces derniers ne sont pas écologiques (ils sont toxiques pour l'environnement et l'être humain), les ressources des éléments qui les constituent sont limitées, ils ne peuvent donc pas être fabriqués à grande échelle et leur rendement reste inférieur à 5%. Les recherches se sont alors orientées vers l'élaboration de nouveaux matériaux thermoélectriques pouvant répondre aux besoins de rentabilité et de protection de l'environnement.

En 1929 Ioffe et ses collaborateurs ont prédit que les meilleurs matériaux thermoélectriques seraient les semiconducteurs; ils montrèrent que le rendement de ces matériaux pouvait atteindre 4%. Des études récentes ont montré que les caractéristiques thermoélectriques des films minces sont nettement plus importantes que celles du même matériau massif. L'intérêt des films minces est donc double : ils offrent une augmentation du rendement et permettent une intégration des modules à grande échelle.

L'objectif de notre travail est d'étudier le système (Mn/Si) qui n'est pas encore bien maîtrisé, aussi bien du point de vue de son élaboration que de ses propriétés physico-chimiques et thermoélectriques.

Ce livre comporte cinq chapitres. Dans le premier, nous présentons les principes de base de la thermoélectricité et les paramètres importants qui permettent d'optimiser les matériaux thermoélectriques ainsi que l'état de l'art dans ce domaine.

Le deuxième chapitre est consacré à l'étude des siliciures et aux mécanismes qui régissent la formation de ces matériaux en films minces. Ces mécanismes, qui sont principalement traités dans l'équipe RDI de l'IM2NP (CNRS) de Marseille (France), aideront à la compréhension de la formation des différentes phases du système Mn/Si par réactions en phase solide.

Dans le chapitre III, nous présentons les différents siliciures de manganèse. Nous décrivons les différentes phases de ces siliciures du point de vue cristallographique, les lois empiriques qui les régissent ainsi que les caractéristiques des phases les plus intéressantes pour quelques applications en électroniques et en thermoélectricité.

Le chapitre IV est consacré à la présentation des différentes techniques utilisées dans ce travail et les résultats sont présentés dans le dernier chapitre. Ce dernier chapitre est scindé en deux parties: une première partie expose les traitements et les résultats des basses températures (jusqu'à 450°C), les séquences de formation de phases sont précisées et expliquées. La deuxième partie est consacrée aux siliciures obtenus aux températures plus élevées (jusqu'à 900°C). Le suivi de l'état des surfaces en fonction de la température de traitement ainsi que les caractéristiques thermoélectriques sont également présentés pour ces matériaux.

Dans la conclusion générale, les résultats sont récapitulés et quelques perspectives sont suggérées.

Chapitre I

Théorie et Application de la Thermoélectricité

Partie A : les principes de la thermoélectricité
1. Transfert thermique
1.1. Différents modes de transfert thermique

Il existe trois modes de transfert de la chaleur selon l'état du milieu :

a. ***Transfert par convection*** : c'est un transfert qui résulte d'un mouvement d'ensemble du matériau. La convection a donc lieu dans les fluides (gaz ou liquides) et est souvent caractéristique de l'échange à la frontière entre un solide et un fluide.

b. ***Transfert par rayonnement :*** la matière, soumise à une température, émet des ondes électromagnétiques (émission qui se produit en surface pour les solides et les liquides opaques, dans tout le volume pour les gaz ou liquides transparents). Il s'agit d'une onde électromagnétique qui dépend de la température et ne nécessite aucun support matériel pour se propager, et se retrouver dans un autre milieu auquel elle transmet son énergie.

c. ***Transfert par conduction :*** la conduction résulte de « chocs » à l'échelle moléculaire et atomique. Elle dépend très fortement de la structure du matériau et de l'organisation du réseau, elle est donc plus importante dans les solides que dans les fluides.

1.2. Equilibre thermique et température dans les solides.

On considère qu'un matériau est à l'équilibre thermique si l'état d'excitation des particules qui le composent est uniforme. Cet état d'excitation représente l'énergie cinétique des particules. En considérant un nombre suffisant de particules, on définit une grandeur mesurable, la température. La définition de cette dernière a bien évolué après l'apparition de la thermodynamique puis de la physique statistique et quantique. A l'échelle microscopique les physiciens de la thermodynamique statistique ont montré que la notion de température est liée à des grandeurs caractéristiques telles que le libre parcours moyen et le temps de relaxation, que ce soit pour le gaz d'électrons libres ou du réseau cristallin.

1.3. Diffusion de la chaleur dans les structures solides

Lorsque l'on chauffe un matériau solide, les ions les plus proches de la source de chaleur se mettent à vibrer et communiquent ces vibrations aux ions voisins par le biais du réseau. La propagation, à l'échelle microscopique, des vibrations de ces ondes est observable à l'échelle macroscopique, sous forme de diffusion de la chaleur. On associe à cette diffusion un flux de chaleur $\vec{\varphi}$, qui représente la quantité d'énergie thermique transportée par unité de temps. Le flux de chaleur est donc comparable à une puissance et il s'exprime en watts. La *figure 1.2* représente de manière schématique le phénomène de diffusion.

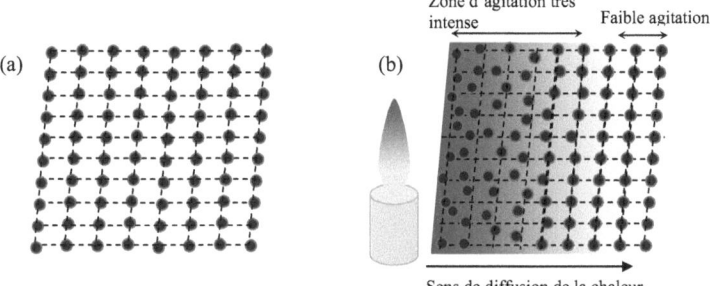

Figure 1.2 : description schématique du phénomène de diffusion en 2D. (a)-la température du solide est uniforme, les atomes oscillent autour de leur position d'équilibre (b)-l'énergie des atomes proches de la source de chaleur croit et la mobilité autour de la position d'équilibre est forte. La vibration se propage aux atomes voisins et définit le sens de diffusion de la chaleur.

1.4. Modélisation de la diffusion de chaleur

1.4.1. Loi de Fourier

Dans son *traité Analytique de la chaleur*, où il a présenté ses fameuses décompositions, Fourier présente son analyse qu'il a établie d'une manière expérimentale sur la conduction de la chaleur et établit la loi fondamentale de la conduction qui a ensuite pris son nom et qui s'énonce ainsi: *le flux surfacique est proportionnel au gradient de température* :

$$\vec{\varphi} = -\lambda \, grad T = -\lambda \vec{\nabla} T = -\lambda \frac{\partial T}{\partial n} \vec{n}_0 \qquad (1.1)$$

La loi de Fourier est phénoménologique, c'est-à-dire issue de résultats expérimentaux. En effet le lien entre les phénomènes microscopiques et macroscopiques n'ont pu être modélisés que grâce aux outils statistiques et quantiques qui n'existaient pas au temps de Fourier, mais le phénomène de diffusion était observable macroscopiquement, et il était possible de mesurer la température, Fourier a proposé une relation issue de ces mesures.

Supposons un matériau homogène et isotrope sous forme d'un tube parfaitement isolé. Si l est la longueur du tube et S sa section, et si les températures T_1 et T_2 aux deux bornes sont imposées et constantes au cours du temps, un flux de chaleur apparaît dans la direction des hautes vers les basses températures. Les lignes perpendiculaires aux disques isothermes dans le tube sont dites lignes de flux. Le flux est constant tout au long du tube puisque celui-ci est parfaitement isolé sur sa périphérie. Fourier obtient expérimentalement que lorsque les températures sont stabilisées, il existe une relation liant le flux à l'écart de température entre l'entrée et la sortie qui s'écrit sous la forme :

$$\vec{\phi} = \lambda S \frac{T_1 - T_2}{l} \vec{x} \qquad (1.2)$$

Où S est la section du tube et λ la conductivité thermique du matériau.

1.4.2. Conductivité thermique dans les solides

Le comportement des corps face à la propagation de la chaleur par conduction est caractérisé par la conductivité thermique λ, Elle représente une grandeur caractéristique pour chaque substance, et joue un rôle très important dans le transfert thermique par conduction. Cette grandeur dépend d'une multitude de facteurs dont la nature du matériau, la température, la pression, l'humidité, etc. Les dimensions et la géométrie du corps peuvent s'avérer aussi très importantes pour ce paramètre.

Compte tenu de la loi de Fourier, on peut définir la conductivité thermique par la relation :

$$\lambda = \frac{|\vec{\varphi}|}{\vec{\nabla} T} \qquad (1.3)$$

La conductivité thermique caractérise donc la capabilité d'un matériau à conduire la chaleur, elle s'exprime en $Wm^{-1}K^{-1}$. Lorsqu'un matériau permet à la chaleur de diffuser facilement, on dit que c'est un *conducteur* (sa conductivité thermique est élevée). A l'inverse, un matériau qui s'oppose au transfert de la chaleur est dit *isolant*.

Dans les solides le mécanisme de transfert thermique par conduction est constitué par deux processus intimement couplés: le mouvement des électrons libres et la vibration du réseau. Quand le corps solide reçoit de l'énergie, les ions intensifient leurs oscillations et les électrons libres se mettent en mouvement semblable à l'agitation thermique d'un gaz. Cette agitation se propage des zones de haute température vers les zones de basse température. Ainsi l'énergie reçue par le corps se trouve dans l'énergie cinétique de déplacement d'électrons et l'énergie d'oscillation des ions du réseau. La conductivité thermique des solides est donc due tant aux électrons qu'aux phonons λ, donc à deux composantes :

$$\lambda = \lambda_e + \lambda_{ph} \qquad (1.4)$$

Où λ_e est la conductivité thermique due aux électrons et λ_{ph} est la conductivité thermique due aux oscillations des ions du réseau. En fonction de la nature du solide chacune des contributions a un poids différent. Par exemple pour les métaux $\lambda_e \gg \lambda_{ph}$ alors que pour les isolants les électrons ne contribuent pas à la conductivité thermique. Dans les semiconducteurs, la conductivité est intermédiaire entre les deux et le poids de chacune des composantes diffère en fonction du matériau. La température est aussi un facteur très influent dans les solides. En général, pour les corps solides homogènes, cette dépendance peut être exprimée par une relation linéaire [Bianchi'04]: $\quad \lambda = \lambda_0 (1 + \beta \theta) \qquad (1.5)$

Où λ_0 est la conductivité du corps à 0°C, β un coefficient caractéristique de chaque matériau (pour les métaux il a usuellement une valeur négative) et θ la température.

2. Effets thermoélectriques
2.1. Effet Seebeck

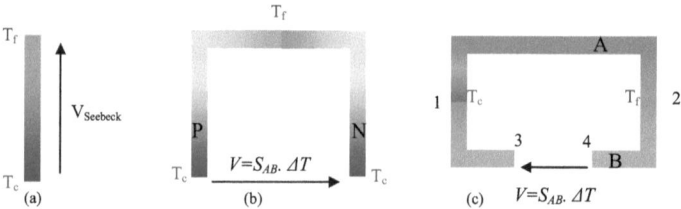

Figure 1.5. Effet Seebeck (a)- dans un matériau. (b)-dans un couple de matériaux. (c)- dans un thermocouple

Soit un matériau quelconque soumis à une différence de température sur sa longueur T_f-T_c où T_f<T_c *(figure 1-5-a)*. Les porteurs de charge du coté chaud, ayant plus d'énergie cinétique que ceux du coté froid, ont tendance à diffuser vers le coté froid. Une FEM apparaît pour s'opposer à ce flux de charges, de manière à rétablir l'équilibre. La tension ainsi générée est donc proportionnelle au gradient de température. On peut écrire la relation de Seebeck :

$$V_{Seebeck} = S(T_f - T_c) \qquad (1.6)$$

Avec S (V.K^{-1}) est le *coefficient Seebeck* du matériau, parfois noté α. Par ailleurs le *pouvoir thermoélectrique* d'un matériau désigne la valeur absolue de son coefficient Seebeck.

Bien que le coefficient de Seebeck se manifeste dans un matériau homogène, il est surtout exploité en assemblant deux matériaux différents[7]. La *figure 1.5.b* décrit une configuration, où la tension Seebeck est proportionnelle à la différence des coefficients Seebeck des deux matériaux, d'où l'intérêt d'associer des matériaux ayant des coefficients de signes opposés.

$$V_{Seebeck} = (S_n - S_p)(T_f - T_c) \qquad (1.7)$$

C'est le cas du couple de Tellure de Bismuth. Utilisant des semiconducteurs dopés n et p, dont le coefficient Seebeck est positif et négatif respectivement[7].

Il est aussi possible d'utiliser la configuration de la *figure.1.5.c*, dont les éléments A et B sont des conducteurs de natures différentes, connectés électriquement en série, mais thermiquement en parallèle. Si les jonctions aux points 1 et 2 sont maintenues à des températures différentes T_c et T_f, il se forme alors une différence de potentiel $V_{Seebeck}$ *(éq.1.7)* entre les points 3 et 4.

2.2. Effet Peltier

Les porteurs de charges absorbent ou dégagent de la chaleur au moment où ils traversent la jonction entre les deux matériaux. En conséquence, quand un courant traverse la jonction, les porteurs doivent échanger de l'énergie avec le milieu afin de respecter les lois de conservation de l'énergie et de la charge.

L'effet Peltier se manifeste donc dans les jonctions traversées par un courant électrique. Prenons comme exemple la jonction de la *figure 1.7* associant deux semiconducteurs type n et p. Lorsque le courant circule du semiconducteur n vers le semiconducteur p, la jonction refroidit. Si l'on inverse le sens du courant, la jonction chauffe. La quantité de chaleur absorbée ou dégagée $Q_{peltier}$ est proportionnelle au courant injecté I. Pour une température de jonction fixe et uniforme ($\nabla T = 0$), on écrit la relation de Peltier :

$$Q_{peltier} = \Pi_{np} I \qquad (1.9)$$

Où Π_{np} le coefficient de Peltier de la jonction.

L'effet Peltier est amplement utilisé pour la réfrigération. Il est aussi de nature réversible.

Fig.1.7 Effet Peltier en fonction du sens de courant. (a)- absorption (b)- dégagement de la chaleur.

2.3. Effet Thomson

Figure 1.8: effet Thomson pour (a) absorption de la chaleur, (b) dégagement de chaleur

Si un matériau soumis à un gradient de température est traversé par un courant électrique, de la chaleur est absorbée ou dégagée sur l'ensemble du conducteur proportionnellement au gradient de température et au courant injecté. Cette chaleur est exprimée par la relation :

$$Q_{Thomson} = \beta.I.\Delta T \qquad (1.10)$$

où β le coefficient de Thomson du matériau.

L'origine de l'effet Thomson est essentiellement la même que celle de l'effet Peltier. En effet, le gradient de température sur le conducteur est responsable de la différence d'énergie potentielle des porteurs de charge et de la différence des mécanismes de dispersion. L'effet Thomson est souvent ignoré dans les calculs, puisque, pour des faibles gradients de température et des faibles courants, la chaleur Thomson est négligeable devant la chaleur Peltier. L'effet Thomson est de nature réversible. Il a été démontré que l'effet Thomson dérive de la dépendance de la température du coefficient Seebeck. Si ce dernier est pris en compte dans les calculs, l'inclusion d'un terme Thomson est redondante.

2.4. Les relations de Kelvin

Les coefficients de transport thermoélectriques sont reliés par les relations de Kelvin :

$$\begin{cases} S_{np} = \dfrac{\Pi_{np}}{T} \\ \dfrac{\partial S_{np}}{\partial T} = \dfrac{\beta_n - \beta_p}{T} \end{cases} \qquad (1.11)$$

Ces relations peuvent être obtenues à partir des relations réciproques d'Onsager et de la théorie standard de la thermodynamique irréversible. [Lopez'04]

3. Facteur de puissance et facteur de mérite d'un matériau thermoélectrique

Un matériau thermoélectrique est défini par la valeur d'un nombre adimensionnel, lié à son pouvoir thermoélectrique, appelé *facteur de mérite*. En effet les effets Seebeck et Peltier peuvent être employés pour la production de l'électricité à partir d'une source de chaleur ou pour la réfrigération à partir d'une source de courant électrique. Pour obtenir un bon rendement avec un système thermoélectrique, un maximum de tension pour une température donnée est nécessaire. Donc le pouvoir thermoélectrique S doit être élevé. De même, la conductivité électrique σ doit être élevée pour minimiser la dissipation de l'énergie par effet joule. Pour maintenir au maximum le gradient de température aux bornes de l'élément, la conductivité thermique k doit être faible. Ces considérations simples justifient l'expression du *facteur de mérite* noté ZT :

$$ZT = \frac{S^2 \sigma}{k} T \qquad (1.12)$$

Le terme $S^2 \sigma$ est appelé *facteur de puissance*.

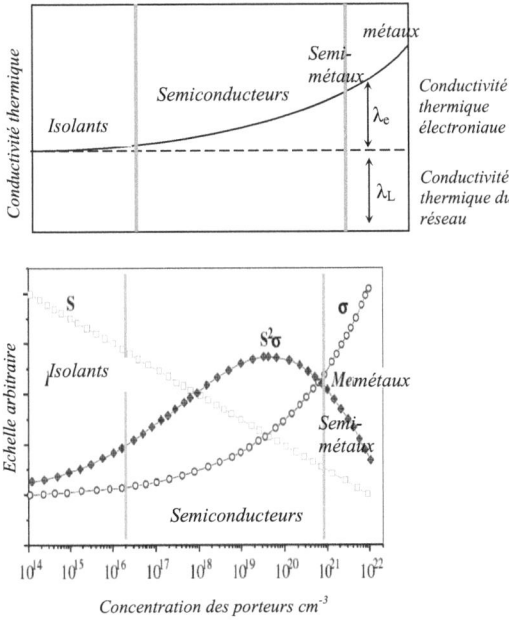

Fig.1.21.(a)- variation de la conductivité thermique, (b)- variation des propriétés thermoélectriques des solides en fonction de la concentration en porteurs de charge à la température ambiante

4. les matériaux thermoélectriques

Depuis la découverte du premier effet thermoélectrique il y a 190 ans, et malgré leur utilisation dans des applications spécifiques, les matériaux thermoélectriques n'ont pas encore trouvé une place dans la commercialisation à grande échelle pour des applications domestiques ou génération d'électricité compétitive. Le pouvoir thermoélectrique de ces matériaux doit être supérieur à 2 pour pouvoir envisager la concurrence des systèmes de réfrigération actuels et les générateurs d'électricité classiques, cette valeur n'a pas encore été atteinte en industrie. Après la crise de l'énergie dans les années 70, beaucoup d'efforts ont été fournis pour pouvoir obtenir des éléments nouveaux dans la génération d'énergie pouvant remplacer le pétrole. Les changements climatiques dus au réchauffement de notre planète ont aussi incité à accentuer les efforts dans ce domaine des énergies écologiques et de la récupération de la chaleur qui était jusque là perdue par différents moteurs et autres.

4.1. les matériaux conventionnels

Depuis les années 70, après sa découverte par Goldsmith, le tellure de Bismuth Bi_2Te_3 est le matériau thermoélectrique par excellence. Les meilleurs matériaux à l'époque possédaient des ZT entre 0.75 et 1. [Lopez'04] mais depuis, des systèmes à facteur de mérite intéressants ont été fabriqués. La *figure1.22* montre quelques éléments opérant à des températures différentes. Ces matériaux sont tous des semiconducteurs.

Le professeur Abram Ioffe et ses collaborateurs à Saint Petersburg ont été les premiers, dans les années 50, à montrer l'intérêt des semiconducteurs dans la thermoélectricité. Ils ont montrés que ces matériaux pouvaient être utilisés dans la réfrigération et la génération d'électricité [Dresslhaus'99]. Par la suite, les travaux de Ioffe et de Goldsmith ont été à l'origine de la découverte de plusieurs matériaux thermoélectriques tels que Sb_2Te_3 ou Bi_2Te_3 et de leurs alliages qui restent à l'heure actuelle considérés comme les éléments les plus performants. C'est également Ioffe qui a proposé d'utiliser des alliages ternaires au lieu de simples composés binaires. [Dresslhauss'99]

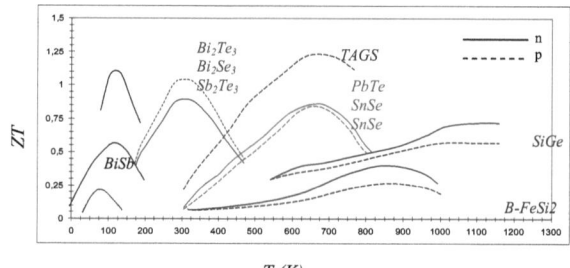

Figure1.22. Quelques matériaux conventionnels les plus connus aux facteurs de mérite les plus importants. Les courbes en trait continu correspondent aux matériaux de type n, les courbes en discontinus correspondent aux matériaux de type p.

4.2. Optimisation des matériaux thermoélectriques

Pour être un bon thermoélectrique, un matériau doit avoir, en plus de son facteur Seebeck important, une bonne conductivité électrique (conductivité d'un métal) et une faible conductivité thermique (comme un verre). Pour améliorer le facteur de mérite des matériaux thermoélectriques, deux axes sont suivis. La recherche dans les nouveaux matériaux pouvant présenter un facteur de mérite intéressant, et la réduction des dimensions pour les matériaux connus jusqu'alors pour leurs caractéristiques thermoélectriques. Des résultats encourageants ont été obtenus dans les laboratoires de recherche et des facteurs de mérites largement supérieurs à 2 ont été publiés. Des défis nouveaux évidents apparaissent alors, en particulier, la fabrication à grande échelle. On s'oriente alors vers des matériaux à base de silicium dont la technologie est maîtrisée : Les siliciures. La figure 1.23 présente quelques exemples de ces nouveaux matériaux. Les siliciures présentent d'autres avantages : ils ne sont pas nocifs pour l'environnement et leur coût est faible.

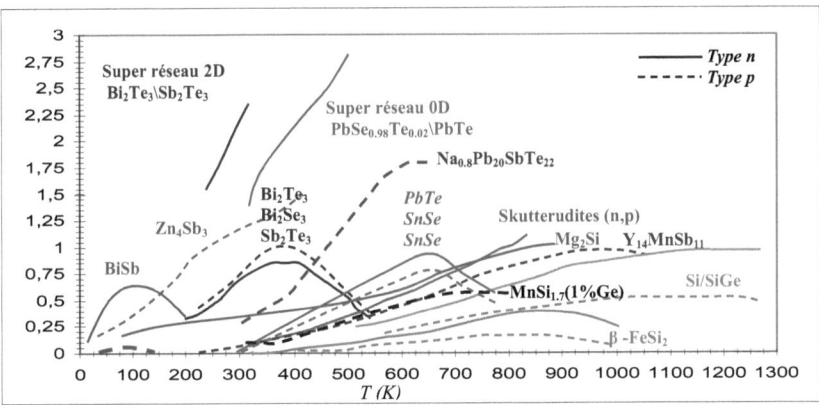

Figure1.23.les facteurs de mérite de quelques matériaux obtenus jusqu'à présent. Des superréseaux en dimensions réduites permettent d'avoir des ZT très intéressants. Les courbes en continu correspondent à des matériaux de type n et les courbes en discontinu à des matériaux de type p.

Partie B : Applications de la thermoélectricité
1. Les Générateurs Thermoélectriques

Du thermocouple aux montres thermoélectriques et au refroidissement des microprocesseurs, en passant par la réfrigération utilisée pour le transport d'organes, plusieurs applications de thermoélectricité sont à présent disponibles sur le marché. Le rendement trop faible des modules thermoélectriques ne permet pas d'envisager une concurrence aux méthodes de génération d'électricité et de réfrigération classiques. Cependant, elle est irremplaçable dans beaucoup d'applications dont la récupération des énergies perdues, notamment celles qui contribuent au réchauffement de la planète.

Parmi les plus spectaculaires des nouvelles applications de la thermoélectricité, l'utilisation de générateurs thermoélectriques sur les pots d'échappement des voitures permettra d'alimenter l'électronique du véhicule et d'économiser jusqu'à 10% du carburant en limitant l'utilisation de l'alternateur.

1.1. Le Thermocouple

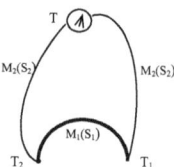

Figure 1.24. Principe de fonctionnement d'un thermocouple. $T_1 \neq T_2$ (l'une est prise comme référence et l'autre portée à la température à mesurer)

Le thermocouple est l'une des premières applications de la thermoélectricité. Leur intérêt est de fournir des thermomètres robustes, peu encombrants et relativement bon marché. Considérons une chaîne de conducteurs M_2-M_1-M_2 dont les deux extrémités sont à la même température T, et les jonctions respectivement à T_1 et T_2.

La densité de courant électrique j, circulant dans le circuit, peut être représentée comme une fonction du champ électrique $\vec{E}$ et du gradient de température gradT.

$$\vec{j} = \sigma\vec{E} + \sigma S(-gradT) \qquad (1.13)$$

Le champ électrique s'écrit alors :

$$\vec{E} = \rho\vec{j} + SgradT \qquad (1.14)$$

De l'équation *(1.7)* on peut remarquer que la tension Seebeck ne dépend que de la température entre les deux points T_1 et T_2, mais pas des températures le long des conducteurs. Si l'on maintient l'une des jonctions à une température fixe (choisie comme référence), la tension mesurée ne dépend que de la température de l'autre jonction. Il faut noter que le type de matériau utilisé est néanmoins important pour les températures limites à mesurer.

1.2. Les GTE à deux types d'éléments thermoélectriques (GTE classiques)

Dans un semiconducteur thermoélectrique type n, les porteurs (électrons) migrent du coté chaud vers le coté froid, le sens du courant est donc du coté froid au coté chaud. Dans un matériau type p ce sont les trous qui migrent du coté chaud au coté froid, le sens du courant est identique à celui du déplacement. Si on place alternativement en série du point de vue électrique des éléments n et p tout en les disposant en parallèle du point de vue thermique on obtient alors un générateur thermoélectrique *(figure 1.25)*. Les éléments sont joints par un matériau conducteur dont le pouvoir thermoélectrique doit être supposé nul.

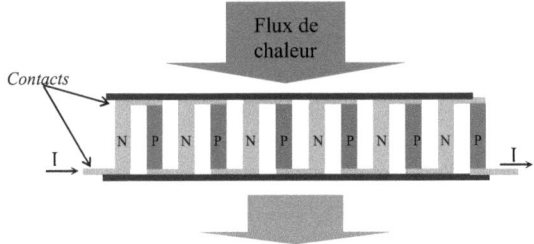

Figure 1.25. Module d'un générateur thermoélectrique, les thermocouples sont connectés en série électriquement et en parallèle thermiquement

2. L'anisotropie thermoélectrique

2.1. Définitions

Dans le paragraphe précèdent nous avons montré que pour former un générateur thermoélectrique, deux types d'éléments (n et p) sont nécessaires.

Reprenons l'équation *(1.14)* obtenue pour un thermocouple composé de deux éléments, 1 et 2 homogènes. L'intégrale de cette équation conduit à l'équation *(1.15)* sur laquelle nous pouvons remarquer que si le matériau est homogène et $S_1=S_2$, alors la tension de Seebeck est nulle. Il apparaît aussi que même si le matériau est homogène mais présente une anisotropie dans ses caractéristiques thermoélectriques, la génération d'une ''thermo-force électromotrice'' (thermo-emf) est alors possible. Dans ce cas, les coefficients de l'équation *(1.13)* ne doivent pas être décrits comme des scalaires mais comme des tenseurs, et cette équation devient alors [Rowe] :

$$\vec{j} = \hat{\sigma}.\vec{E} + \hat{\sigma}.\hat{S}.(-gradT) \qquad (1.15)$$

Dans un système à coordonnées cartésiennes, on peut écrire alors :

$$\hat{S} = \{S_{i,k}\} \;;\; i,k = 1,2,3 \text{ où } i,k = x,y,z \qquad (1.16)$$

Le tenseur de la thermo-emf ne possède pas en général cette symétrie. Cependant, dans les cas des monocristaux à thermo-emf anisotropes, les tenseurs sont symétriques $S_{ik} = S_{ki}$. Dans ce cas l'équation *(1.15)* peut aussi s'écrire :

$$\vec{j} = \hat{\sigma}(\vec{E} + \vec{E}^T), \; \vec{E}^T = -\hat{S}gradT \qquad (1.17)$$

$\vec{E}^T$ est appelé champ thermoélectrique.

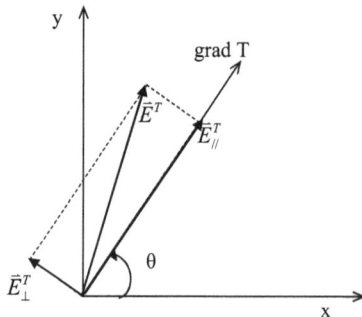

Figure1.26 : le gradient de température et le champ thermoélectrique ne sont pas parallèles dans un cristal anisotrope.

Dans les matériaux isotropes la différence de température crée un champ thermoélectrique $\vec{E}^T \, // \, \vec{grad} T$, mais dans les matériaux anisotropes, $\vec{E}^T$ n'est pas parallèle à $\vec{grad} T$ (voir *figure1.26*). En coordonnées cartésiennes et pour deux dimensions le tenseur $\hat{S}$ représente une matrice diagonale. $\hat{S} = \begin{pmatrix} S_{//} & 0 \\ 0 & S_{\perp} \end{pmatrix}$.

Dans le cas plus général le tenseur thermoélectrique s'écrit [Rowe'06] :

$$\hat{S} = \begin{pmatrix} S_{11} & S_{12} \\ S_{21} & S_{22} \end{pmatrix}$$
$$= \begin{pmatrix} S_{//} \cos^2 \theta + S_{\perp} \sin^2 \theta & (S_{//} - S_{\perp}) \cos \theta \sin \theta \\ (S_{//} - S_{\perp}) \cos \theta \sin \theta & S_{\perp} \cos^2 \theta + S_{//} \sin^2 \theta \end{pmatrix} \quad (1.18)$$

Sachant que les conductivités électrique et thermique sont aussi anisotropes, l'expression de la figure de mérite pour un matériau anisotrope devient alors :

$$Z_a = \frac{\sigma_{//} \sigma_{\perp} (S_{//} - S_{\perp})^2 \sin^2 \theta \cos^2 \theta}{(k_{//} \sin^2 \theta + k_{\perp} \cos^2 \theta)(\sigma_{//} \sin^2 \theta + \sigma_{\perp} \cos^2 \theta)} \quad (1.19)$$

Pour un angle θ=45°, l'expression de Z_a se simplifie et devient [Fedorov] :

$$Z_a = \frac{(S_{//} - S_{\perp})^2 \sigma_{//} / k_{//}}{(1 + k_{\perp} / k_{//})(1 + \sigma_{//} / \sigma_{\perp})} \quad (1.20)$$

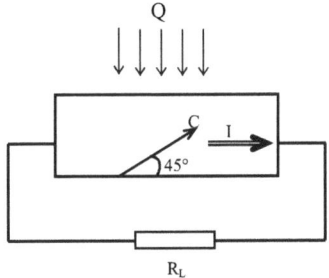

Figure1.27 : schéma du fonctionnement d'un thermoélément anisotrope. L'axe c est orienté de 45° par rapport au plan recevant le flux de chaleur

2.2. Applications des thermoéléments anisotropes.

On trouve plusieurs domaines d'application des thermo-éléments anisotropes dont les plus connus et les plus prometteurs sont les générateurs thermoélectriques et les détecteurs optothermiques.

Dans les générateurs thermoélectriques les deux éléments thermoélectriques (de type n et type p) sont remplacé par un seul élément thermoélectrique anisotrope ; ainsi la différence de potentiel mesurée suivant l'axe z ou bien suivant l'axe y peuvent être utilisé pour la génération de courants thermoélectriques.

Par contre pour les détecteurs optothermiques, La détection de rayonnements thermiques s'effectue par la mesure de la tension générée par l'absorption du rayonnement thermique incident perpendiculaire à la surface du détecteur. A cause de son anisotropie, la différence de potentiels mesurée sur l'élément thermoélectrique suivant l'axe z (parallèle au flux de chaleur le traversant) et celle mesurée suivant l'axe y 'perpendiculaire au flux) sont différents. On peut ainsi détecter un rayonnement thermique arrivant sur la surface de l'élément en mesurant ces deux tensions. Si un thermoéléments représente un élément dans une matrice, pour un détecteur composé de plusieurs pixels, alors des images peuvent être produites en regroupant ces pixels

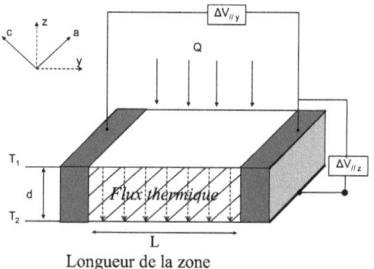

Figure 1.29 schéma d'un élément thermoélectrique anisotrope. Grâce à son anisotropie, on peut mesurer deux différences de potentiels à ses bornes. $^{Vechten'00}$

Références :

- [Hiks'93-II]: L. D. Hiks, « The thermoelectric figure of merit of ones dimensional conductor », Physical Review B, Vol. 47, No 24 (rapid communication)

- [Hiks'93-I]: L. D. Hiks, « Effect of quantum-well structures on the thermoelectric figure of merit», Physical Review B, Vol. 47, No 19.

- [Teichert'96]: S. Teichert, R. Kipler, J. Erben, D. Franke, B. Gebhard, Th. Franke, P. Häussler, W. Henrion, H. Lange, Applied Surface Science 104/105 (1996) 679-684

- [Wang'97]: J. Wang, M. Hirai, M. Kusaka, M. Iwami, Applied Surface Science I 13/ I 14 (1997) 53-56

- [Vechten'00]: D. V. Vechten, K. W. Fritz, J. Horwitz, A. Gyulamiryana, A. Kuzayan, A. Gulian, Nuclear Instruments and Methods in Physics Research A 444 (2000) 42}45

- [Angenault'01]: Jacques Angenault, « Symétrie et structure- cristallographie du solide, cours et exercices corrigés », Vuibert nouvelle collection de chimie, 2001.

- [Rahman'02]: M. Mozibur Rahman, M. K. R. Khan, Y. Zaman, M. O. Hakim, and M. G. M. Choudoury, the Nucleus, 39 (3-4) 2002: 137-143.

- [Tanaka'03]: M. Tanaka, Q. Zhang, M. Takegouchi, K. Furuya, In situ characterization of Mn and Fe silicide islands on silicon

- [Bianchi'04]: Ana-Maria Bianchi, Yves Fautrelle, Jacqueline Etay, « Transfert thermique », Agence universitaire de la francophonie, Presse Polytechniques et Universitaires Romandes 2004.

- [Lopéz'04]: Luis David Patiño López, « Caractérisation des propriétés thermoélectriques des composants en régime harmonique : Techniques et Modélisation », thèse de Doctorat, Université Bordeaux 1, 2004.

- [Gorodynskyy'04]: V. Gorodiynskyy, K. Zdansky, L. Pekarek and S. Vackova, « Temperature change of Hall and Seebeck coefficient sign in InP doped with transition metals. », Semicond. Sci. Technol. 19 (2004) 203-207

- [Zhang'04]: P. X. Zhang, G. Y. Zhang, C. T. Lin, and H. U. Hubermeier, « New Thermoelectric Materials and New Applications », Egypt. J. Sol. Vol (27), No. (1), (2004).

- [Kamilov'05]: T.S. Kamilov, D.K. Kamilov, I .S. Samiev, and Kh. Kh. Khusnudtinova, « On the possibility of developing Thermoelectric sensors based on multielement Higher Manganese Silicide »Technical Physics, Vol. 50, No. 10, 2005,pp. 1370-1373

- [Chaput'06]: Laurent Chaput, « Calcul des propriétés de transport de matériaux thermoélectriques », Thèse de doctorat, Institut national polytechnique de lorraine, 2006.

- [Ferone'06]: Raffaello Ferone, « Thermoélectric transport in disordered mesoscopic systems», PhD Thesis, Université Joseph Fourier, Grenoble 1 et Scuola normale superiore, 2006

- [Simonet'06]: Laurence Sinomet, « Effet des hétérogénéités sur le pouvoir thermoélectrique de l'acier de cuve ». thèse de doctorat, Institut national des sciences appliquées, Lyon, 2006.

- [Hou'06]: Q. R. Hou, W. Zhao, H. Y. Zhang, Y. B. Chen, and Y. J. He, « Thermoelectric properties of higher manganese silicide films with addition of carbon », Phys. Stat. Sol. (a) 203, No. 10 2468-2477 (2006)/ DOI 10.1002/pssa.200521426.

- [Gupta'06]: K. P. Gupta, JPEDAV (2006) 27:529-534

- [Poudeu'06]: Pierre F.P. Poudeu, Jonathan D'Angelo, Adam D. Downey, Jarrod L. Short, Timothy P. Hogan and Mercouri G. Kanatzidis Nature materials, Vol 7, Febrary 2008.

- [Zide'06]: J. M. O. Zide, D. Vashaee, Z. X. Bian, G. Zeng, J. E. Bowers, A. Shakouri, and A. C. Gossard, Physical Review B 74, 205335 (2006).

- [Rowe'06]: D .M. Rowe, Thermoelectrics handbook, Macro to Nano, CRC Taylor & Francis group, 2066.

- [Savelli'07]: Guillaume Savelli, « Etude et développement de composants thermoélectriques à base de couches minces », Thèse de Doctorat, Université Joseph Fourier de Grenoble, 2007.

- [Hou'07]: Q. R. Hou, W. Zhao, Y.B. Chen, D. Liang, X. Feng, H. Y. Zhang, and Y.J. He, phys. Stat. sol. (a) 204, No. 10, 3429-3437 (2007).

- [Fedorov'08]: M.I. Fedorov and V.K. Zaitsev, Proceeding of the European Conference on Thermoelectrics (Paris ECT, 2008), pp.I-11-1 - I-11-6.

- [Blangero'08]: Maxime Blangero «Cobaltites Lamellaires d'alcalins: cristallochimie et thermoélectricité», Thèse de doctorat, université de Bordeaux 1, 2008.

- [Kosalathip'08]: Voravit Kosalathip, « Synthèse et caractérisation microstructurale de poudres nanométriques à base de Bi_2Te_3 et Sb_2Te_3: contribution à l'état de l'art des nanocomposites thermoélectriques », Thèse de doctorat, Institut national polytechniques de Lorraine, 2008.

- [Pichaunusakornn'09]: P. Pichaunusakorn & P.R. Bandaru, « The Seebeck coefficient for obtaining the maximum power factor in thermoelectrics », Appl. Phys. Lett., 94, 223108 (2009).

- [Zhou'09]: A.J. Zhou, T.J. Zhu, X.B. Zhao, S.H. Yang, T.Dasgupta, C. Stiewe, R.Hasdorf and E. Mueller, J of Electron. Mater., DOI: 10.1007/s11664-009-1034-6, 2009 TMS.

- [Takashi'09]: Takashi Itoh and Yasataka Yamada, J. of Electron. Mater. Vol. 38, No.7, 2009. DOI: 10.1007/s11664-009-0697-3 2009 TMS.

- [Suto'09]: H. Suno, K. Imai S. Fujii, S. I. Honda, M. Katayama, « Growth process and surface structure of MnSi on Si(111) », Surf. Science 603 (2009) 226-231.

- [Battaglia'10]: Jean-Luc Battaglia, Andrzej Kusiak, Jean-Rodolphe Puiggali, Introduction aux transferts thermiques, DUNOD 2010.

- [Boudmagh'10]: Djamila Boudmagh, « Synthèse et étude de matériaux thermoélectriques du système $Mg_2Si_{1-x}Sn_x$ » Thèse de doctorat, Université de Grenoble 2010.

- [Hou'10]: Q. R. Hou, W. Zhao, Y. B. Chen, Y. J. He, « Preparation of n-type nanoscale $MnSi_{1.7}$ films by addition of iron », Mater. Chem. Phys. (010). Doi: 10.1016/j.matchemphys.2010.01.016

- [Pernot'10]: Gilles Pernot, « Identification de Propriétés thermiques et spectroscopie térahertz de nanostructures par thermoréflectance pompe-sonde asynchrone : Application à l'étude du transport des phonons dans les superréseaux », Thèse de doctorat, Université de Bordeaux I, 2010.

Chapitre II

Croissance des siliciures en films minces

1. Généralités sur la diffusion réactive et la formation de siliciures.
1.1. Généralités : Germination et diffusion
1.1.1. La germination et ses mécanismes

Pour qu'une phase puisse croître il est nécessaire d'avoir un germe. Dans certains cas la germination des phases est difficile. En effet pour la germination, le gain d'énergie volumique de la phase à former doit être supérieur ou au moins égal à l'énergie que coûte la création d'une interface supplémentaire. Si tel n'est pas le cas, il faudra augmenter la température afin de combler le déficit en énergie. La germination joue un rôle important dans la formation des phases en films minces.

La germination d'une phase β dépend principalement de quatre paramètres

1- La création d'un volume V de la phase β entraîne un gain d'enthalpie libre volumique de $-V\Delta G_V$.

2- Si on suppose que les énergies d'interface soient isotropes, la création d'une interface d'aire A augmente l'énergie libre de A.γ, avec γ la variation d'énergie d'interface qui s'écrit : γ=Δσ où σ est l'énergie de chaque interface. Ceci n'est valable que si la germination a lieu à une interface.

3- En général, lors de la formation de la phase β, il y a une variation de volume qui conduit à une énergie de contrainte ΔG_s par unité de volume qui augmente l'énergie libre de ΔG_s.

4- La cinétique d'attachement aux germes régit la vitesse à laquelle se forment ces germes. La variation d'enthalpie libre totale change de la façon suivante :

Si on suppose que les germes ont une forme sphérique avec un rayon de courbure r, la variation de l'enthalpie libre totale devient :

$$\Delta G = -\frac{4}{3}\pi r^{3}(\Delta G_{V} - \Delta G_{S}) + 4\pi r^{2}\gamma \qquad (2.1)$$

Dans le cas général, on a : $\Delta G = -a.r^{3}(\Delta G - \Delta G_{S}) + b.r^{2}\gamma$ *(2.2)*

La *figure 2.1* montre l'évolution de cette énergie en fonction du rayon du germe. ΔG^{*} et la barrière de germination qui correspond à un rayon citrique r^{*}. La dérivation de l'équation 2.13 (équations de Nernst-Einstein) nous permet d'en déduire le rayon critique du germe et aussi l'énergie d'activation ΔG^*, Donc :

$$r^* = \frac{2\gamma}{(\Delta G_V - \Delta G_S)} \qquad (2.3)$$

$$\Delta G^*(r^*) = \frac{16\pi\gamma^3}{3(\Delta G_V - \Delta G_S)^2} \qquad (2.4)$$

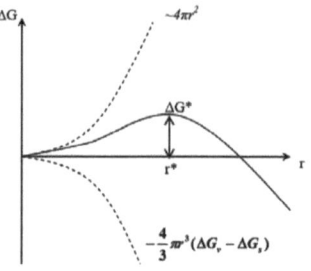

Figure 2.1 : Variation de l'énergie libre en fonction du rayon du germe dans le cas d'une germination homogène

Lorsque le germe dépasse son rayon critique, sa croissance l'emporte par la suite. Ce mécanisme permet d'expliquer l'absence de phases prévues par le diagramme de phases dans la séquence de formation. En général, les premières phases ne rencontrent pas de difficulté de germination car le gain en énergie libre est très élevé. Mais au fur et à mesure des formations successives, le système se rapproche de l'équilibre, le gain d'énergie libre est de plus en plus faible et le terme d'énergie de surface devient prépondérant. La barrière d'énergie devient alors trop grande à franchir.

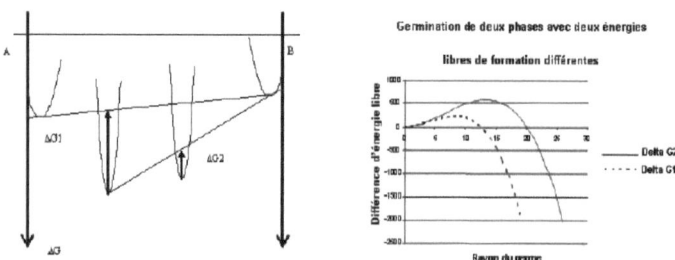

Figure 2.2 : Germination de deux phases successives (droite) et diagramme d'énergie libre correspondant (gauche)

La *figure 2.2* montre la courbe d'énergie libre de deux phases successives. Sur cette figure, le diagramme d'énergie libre en fonction de la concentration montre la diminution du gain d'énergie libre au fur et à mesure de la formation séquentielle des composés. Le gain d'énergie libre lors de la formation de la phase 2 devient faible. Nous voyons que la germination est plus difficile pour la phase 2 que pour la phase 1.

1.1.2. La diffusion et ses principaux mécanismes

Le phénomène de diffusion atomique est un processus thermiquement activé, qui correspond à la migration des particules (atomes, ions, électrons libres) à l'intérieur d'un système. Le déplacement effectif de ces particules est dû à l'existence d'un gradient de potentiel, qui peut être d'origine chimique (gradient du potentiel chimique), électrique (champs électrique), mécanique (gradient de contrainte) ou thermique (gradient de température. Ce gradient représente la force motrice de la diffusion.

Dans un réseau cristallin, la migration des atomes est rendue possible par l'existence de défauts ponctuels (lacunes, sites interstitiels) ou étendus (dislocation, joints de grains).

Les principaux mécanismes de la migration des atomes dans des matériaux comme les intermétalliques sont :

a. *Mécanisme lacunaire :* dans un cristal, les lacunes permettent un déplacement plus ou moins rapide des atomes, ce mécanisme appelé « lacunaire » est le plus fréquent dans l'autodiffusion dans les métaux purs.

b. *Mécanisme interstitiel direct :* l'atome migre dans le réseau en passant d'un site interstitiel à un autre. Ce mécanisme concerne principalement les éléments de petite taille, il n'est donc pas limité par la présence ou pas de défauts.

c. *Mécanisme auto-interstitiel indirect* : ce mécanisme utilise alternativement une position interstitielle et une position substitutionnelle du réseau.

1.1.3. Loi de Fick et équation de Fick

a. Loi de Fick

En présence d'un gradient de concentration $\partial C/\partial x$ (système unidirectionnel) il s'établit un flux d'atomes proportionnel à ce gradient :

$$J = -D\frac{\partial C}{\partial x} \qquad (2.5)$$

où x est la position (cm), J le flux d'atomes par unité de surface et de temps (at. /cm^2.s), D le coefficient de diffusion (cm^2/s) et $\partial C/\partial x$ le gradient de concentration.

En régime non permanent, il faut compléter l'équation de Fick par une équation-bilan, en écrivant qu'il y a conservation de la matière diffusante. :

$$\frac{\partial J}{\partial x} = -\frac{\partial C}{\partial t} \qquad (2.6)$$

En combinant les deux Equations et en supposant que D est indépendant de la concentration, on obtient l'équation de diffusion appelée généralement deuxième équation de Fick :

$$\frac{\partial C}{\partial t} = D\frac{\partial^2 C}{\partial x^2} \qquad (2.7)$$

Du point de vue mathématique, la deuxième équation de Fick est une équation différentielle linéaire du second ordre. Pour résoudre cette équation, il faut définir les conditions initiales et les conditions aux limites.

Lorsque la diffusion s'effectue par un mécanisme unique sur un même domaine de température, le coefficient de diffusion D suit une loi d'Arrhenius :

$$D = D_0 \exp(-\frac{Q}{RT}) \qquad (2.8)$$

Les termes D_0 (terme pré exponentiel) et Q (énergie d'activation) sont des caractéristiques du mécanisme de diffusion. C'est-à-dire que le premier terme correspond à la somme de la variation d'entropie liée à la formation de défauts et la migration des atomes, alors que le deuxième correspond à la somme de la barrière énergétique de migration de l'atome et de formation des défauts.

b. Equation de Nernst-Einstein

La loi de Fick est basée uniquement sur la proportionnalité entre le flux d'atomes et le gradient de concentration mais elle ne tient pas compte d'autres phénomènes qui peuvent intervenir sur la diffusion. Cette limitation est parfaitement illustrée par l'expérience de Darken [Darken'95] qui concerne un couple de diffusion ternaire FeC/FeCSi de même teneur en carbone. La loi de Fick ne prévoit aucun mouvement d'atomes de carbone puisque $C_C^{FeC} = C_C^{FeCSi}$ or, les auteurs ont observé un appauvrissement de la concentration en carbone du côté de FeCSi au profit de FeC, comme le montre la *figure 3*.

Pour décrire le mouvement des atomes dans un couple de diffusion, on doit utiliser un formalisme qui tient compte des potentiels chimiques de ses constituants comme l'équation de Nernst-Einstein.

$$J_i = -X_i N \frac{D_i}{K_B T} \frac{\partial \mu_i}{\partial x} \qquad (2.9)$$

X_i : Fraction atomique du constituant i dans la phase [at/at],

K_B : Constante de Boltzmann [eV.K^{-1}.at^{-1}],

N : nombre total d'atomes par unité de volume dans la phase [at.cm^{-3}],

D_i : Coefficient de diffusion du constituant i dans la phase [cm^2.s].

$\frac{\partial \mu_i}{\partial x}$: Gradient de potentiel chimique dans la phase [eV.at^{-1}.cm^{-1}],

J_i : Flux d'atomes i traversant la phase [at.cm^2.s^{-2}]

Le potentiel chimique µ peut s'écrire sous la forme :

$$\mu = KT \log(a) = KT \log(\gamma X) \qquad (2.10)$$

où a représente l'activité thermodynamique de l'élément diffusant, X sa fraction atomique dans la phase et γ son coefficient d'activité thermodynamique. L'équation de Nernst-Einstein devient :

$$J = -XND\left(\frac{d\gamma}{dX}\frac{1}{\gamma} + \frac{dX}{dx}\frac{1}{X}\right) \qquad (2.11)$$

Où
$$J = -D\frac{dC}{dx}\left(1 + \frac{d\gamma}{dC}\frac{C}{\gamma}\right) \qquad (2.12)$$

Avec C=N.X (C constante en at. /cm^3)

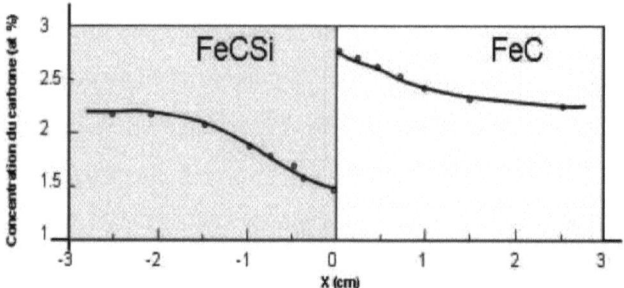

Figure 2.3 : Expérience de Darken : mise en évidence de la redistribution de carbone Dans un couple de diffusion FeC/FeCSi après un recuit de 13 jours à 1050°C

Si la diffusion est isotopique, cela correspond à une solution infiniment diluée pour laquelle $\gamma=1$ et donc on retrouve l'équation de Fick. De même, on peut retrouver l'équation de Nernst-Einstein à partir de la loi de Fick dite « loi de Fick généralisée »

$$J = -D\frac{dC}{dx} + \frac{D}{KT}FC \qquad (2.13)$$

Où F représente la somme des forces agissant sur le système. Dans le cas des forces chimiques, cette force est définie comme étant non proportionnelle au gradient de potentiel chimique :

$$F = -KT\frac{C}{\gamma}\frac{d\gamma}{dC} \qquad (2.14)$$

1.2. Couple de diffusion en films minces

La mise en contact de deux matériaux purs A et B constitue un système thermodynamique hors d'équilibre appelé « couple de diffusion ». Une force motrice, permettant le transport de l'élément A (et/ou B) suivant le gradient de potentiel chimique afin de stabiliser le système, apparaît. Dans le couple de diffusion massif, on observe en général la croissance simultanée de toutes les phases d'équilibre. La réaction de films minces métalliques avec un substrat de silicium donne naissance en général à des formations séquentielles des différentes phases qui se forment.

C'est-à-dire, que si on soumet un film métallique mince déposé sur un substrat de silicium, à un traitement thermique, les phases apparaissent successivement allant des plus riches en métal à celles les plus riches en silicium.

1.2.1. Croissance d'une seule phase par réaction à l'état solide

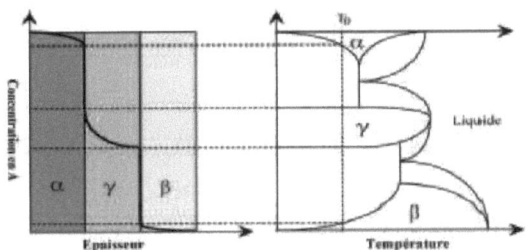

Figure 2.4 : profil de concentration de l'élément A (partie gauche) prédit par le diagramme de phases (partie droite) pour le couple A/B après traitement thermique à une température T_0

La caractéristique (cinétique, séquence…) lors des réactions, qui se produisent dans les films minces, présentent des différences avec celles des réactions dans les matériaux massifs, différences qui sont essentiellement liées à l'épaisseur du film et à la présence de nombreuses interfaces [Canali'79, Philibert'91] par rapport au volume des films considérés ; une revue de la réaction à l'état solide entre un métal et le silicium est donnée par les travaux de Gas et d'Heurle [Gas'93] et de Nicolet et Lau [Nicolet'83] ainsi que Zhang [zhang'91], Eisenberg et Tu [Eizenberg'82] pour le cas du manganèse.

Dans cette partie, nous détaillons les phénomènes mis en jeu pour former une phase en général. Ces phénomènes sont notamment la germination, la croissance latérale des germes, le transport de matière et la réaction aux interfaces dans la croissance des phases et nous décrivons les équations qui correspondent à la cinétique de chaque phénomène.

La formation d'une nouvelle phase peut être divisée en deux étapes principales, la germination et la croissance. La cinétique de formation d'une phase sera contrôlée par le processus le plus lent car c'est lui qui limite la formation.

Prenons l'exemple d'une phase intermétallique A_pB_q qui se forme à partir de A et B. la mise en contact entre deux corps purs $A(\alpha)$ et $B(\beta)$ au sein d'une enceinte chauffée forme un système hors d'équilibre. Supposons qu'il n'existe qu'une seule phase intermédiaire stable γ à la température T_0 sur le diagramme de phases des deux éléments (figure 4) le gain d'énergie libre associé à la formation de cette phase constitue le moteur de cette réaction.

D'une manière simplifiée, la formation de ce composé A_pB_q nécessite, en général, en premier lieu sa germination puis sa croissance. Cette dernière se fait en général en deux étapes : la croissance latérale le long des interfaces jusqu'à l'obtention d'une couche homogène puis la croissance perpendiculaire à la surface.

a. Croissance limitée par la réaction

Comme indiqué précédemment, au début de la réaction, l'épaisseur de la phase A_pB_q est faible et l'élément A (ou B) est toujours disponible aux deux interfaces. La croissance de A_pB_q n'est donc limitée que par la capacité de l'interface à former le nouveau composé. Dans ce cas le taux d'accroissement de l'épaisseur est égal à la mobilité d'interface. Cette mobilité dépend de plusieurs paramètres, tels que la diffusion à travers l'interface, et l'accommodation des atomes à l'interface de la réaction. Ce taux d'accroissement peut s'écrire :

$$\frac{de(t)}{dt} = K_i \qquad (2.15)$$

où K_i est le taux de réaction à l'interface (en cm.s^{-1}), e l'épaisseur de la phase (cm).

Le taux de réaction à l'interface est indépendant de la variation d'épaisseur, ce qui implique que l'accroissement de l'épaisseur est constant au cours du temps.

L'épaisseur de la phase considérée est alors linéaire dans le temps :

$$e(t) = K_i(t - t_0) + e_0 \qquad (2.16)$$

Avec e_0 l'épaisseur initiale au temps t_0 de la phase en croissance.

Sachant que ce processus est activé thermiquement, le taux de réaction s'écrit alors sous la forme d'Arrhenius :

$$K_i = K_0 \exp(-\frac{E_i}{K_B T}) \qquad (2.17)$$

avec K_0 facteur pré-exponentiel, E_i, l'énergie d'activation de la réaction, T la température (K) et K_B la constante de boltzmann.

Dans ce cas, la formation de la phase A_pB_q est contrôlée par la réaction, et la cinétique est dite linéaire. Le déplacement de l'interface est due à une différence de potentiel chimique de l'élément A à l'interface.

b. Croissance limitée par la diffusion

Lorsque l'épaisseur de la phase A_pB_q augmente, l'accroissement de l'épaisseur de A_pB_q ralentie au cours du temps car l'élément diffusant A (ou B) a de plus en plus de distance à parcourir, pour atteindre l'interface A_pB_q/B (ou A). Le calcul du taux d'accroissement aboutit à l'expression suivante :

$$\frac{de(t)}{dt} = \frac{K_d}{e(t)} \qquad (2.18)$$

e étant l'épaisseur de la phase (cm), K_d son taux de formation (cm^2.s^{-1}) et t le temps (s).

L'intégration de cette équation entre le début de la réaction t_0 et un instant t, et en posant e_0 l'épaisseur initiale (à t_0), l'épaisseur de la phase en croissance s'écrit :

$$e^2(t) = 2K_d(t - t_0) + e_0^2 \qquad (2.19)$$

Ce processus et aussi activé thermiquement. Le taux de formation K_d peut s'exprimer par :

$$K_d = \frac{D_A \Delta G_{ApBq}^f}{K_B T} \qquad (2.20)$$

Avec D_A le coefficient de diffusion et ΔG_{ApBq}^f l'enthalpie libre de formation de la phase A_pB_q et le coefficient de diffusion D_A s'écrit sous la forme d'Arrhenius :

$$D_A = D_0 \exp(-\frac{E_d}{K_B T}) \qquad (2.21)$$

où D_0 un facteur pré-exponentiel et E_d l'énergie d'activation de la diffusion.

L'énergie libre de formation du composé étant connue, les mesures expérimentales de l'épaisseur de la phase formée au cours du temps, permettent alors de déterminer le coefficient de diffusion effectif K_d dans la phase considérée.

Dans certains cas, il est possible que les deux phénomènes se combinent. On a alors affaire à la loi de Deal et Grove (ou la loi linéaire-parabolique) qui prend en compte à la fois la réaction à l'interface et la diffusion. D'heurle et Gas pensent que l'application de la loi linéaire parabolique est généralisable, et notamment lors de la formation de siliciures métalliques.

1.2.2. Formation simultanée

Dans certains cas, il peut y avoir formation simultanée de plusieurs phases. Dès que deux phases commencent à croître simultanément le système devient plus compliqué puisque la cinétique de croissance de chaque phase ne dépendra plus que de ses propres caractéristiques (cinétique de réaction, coefficient de diffusion) mais aussi des caractéristiques des autres phases présentes dans le couple de diffusion.

Soit un système où deux phases AB et A_2B se forment simultanément. Pour simplifier on suppose que seul l'élément A est mobile dans les deux phases (figure ci-dessous) [Gas'93].

Dans les conditions supposées, la croissance de A_2B se produit à l'interface A_2B/AB par la réaction $AB+A \rightarrow A_2B$, alors que la formation de AB se produit aux deux interfaces, dans l'interface A_2B/AB par la réaction $A_2B \rightarrow AB+A$ et à l'interface AB/B par la réaction $A+B \rightarrow B$.

Soient J_1 et J_2 les flux respectifs de A dans A_2B et de A dans AB, la formation de la phase A_2B est régie par la réaction :

$A+AB \xrightarrow{J_1} A_2B$ (formation)

$A_2B \xrightarrow{J_2} AB+A$ (consommation)

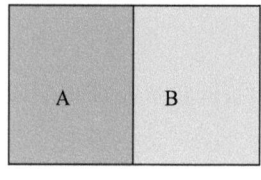
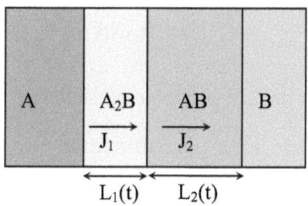

Figure 2.5 : Représentation d'une formation simultanée de deux phases entre deux éléments A et B.

La formation de la phase AB est régie par les réactions :

$A_2B \xrightarrow{J_1} AB+A$ (Formation)

$A+B \xrightarrow{J_2} AB$ (Formation)

$A+AB \xrightarrow{J_2} A_2B$ (Consommation)

On retrouve alors pour la croissance de A_2B et AB :

$$\frac{dL_1}{dt} = J_1 - J_2 \quad (2.22)$$

$$\frac{dL_2}{dt} = 2J_2 - J_1 \quad (2.23)$$

Où L_1 et L_2 sont respectivement les épaisseurs des phases A_2B et AB.

Ce système d'équations montre le couplage qui existe entre les taux de croissance des différentes phases. Les flux J_1 et J_2 sont contrôlés par plusieurs processus d'où la complexité du phénomène de croissance simultanée.

1.2.3. Formations séquentielles

La formation séquentielle des phases, apparaît le plus souvent, lorsque l'une des deux espèces a une épaisseur faible (e < 100 nm). Dans ce cas, les cinétiques de formation sont telles que les phases croissent de façon séquentielle et non simultanée.

Dans le paragraphe précèdent, nous avons vu que lorsque plusieurs phases croissent simultanément, leurs épaisseurs respectives dépendent de toutes les phases considérées. Ainsi pour la formation de deux phases en parallèle les épaisseurs sont régies par les équations (2.22 et 2.23). Supposons les deux phases A_2B et AB en formation avec une croissance linéaire-parabolique avec une espèce majoritaire diffusante. La première phase A_2B a sa croissance limitée par la diffusion (son épaisseur est suffisamment importante pour être dans le régime diffusif, équation 2.24). La phase AB, quant à elle, est contrôlée par l'interface car l'épaisseur est extrêmement faible (équation 2.25).

$$J_1^A = \frac{K_d}{e_1} \quad (2.24)$$

$$J_2^A = K_i \quad (2.25)$$

Avec J_i le flux de diffusion de l'espèce diffusante i, K_d le taux de formation et K_i le taux de réaction.

Dans ce cas, nous en déduisons la variation de l'épaisseur de la phase A_2B au cours du temps :

$$\frac{de_1}{dt}\frac{K_d}{e_1} - K_i \qquad (2.26)$$

$$\frac{de_2}{dt} = 2K_i - \frac{K_d}{e_1} \qquad (2.27)$$

La deuxième phase ne commencera à croître que lorsque la variation de l'épaisseur de cette phase sera supérieure à 0 ($\frac{de_1}{dt} > 0$). Autrement dit, il faut réaliser la condition suivante :

$$e_1 > \frac{K_d}{2K_i} \qquad (2.28)$$

Le rapport entre le taux de formation et le taux de réaction à l'interface conduit donc à l'épaisseur critique que doit atteindre la première phase pour que la deuxième phase commence à se former.

Références

- [Hoummada'07] : Khalid Hoummada, « Etudes de redistribution des dopants et des éléments d'alliage lors de la la formation des siliciures », Thèse de doctorat, Université Aix-Marseille III, 2007.

- [Eouarne'08] : Loeizig Ehouarne, « Métallisation des mémoires Flash à base de NiSi et d'éléments d'alliages », Thèse de doctorat, Université Paul Cézanne Aix-Marseille III, 2008.

- [Rouabah'94] : Amina Rouabah, « Approche cinétique et aspects structuraux de la ségrégation superficielle de l'étain dans le germanium », thèse de doctorat, Université de Provence, 1994.

- [Philibert'90] : Jean Philibert, « diffusion et transport de matière dans les solides », les éditions de physique, 1990

- [Philibert'91] : J. Philibert, Appl. Surf. Sci. 53. (1991) 74.

- [Canali'79] : C. Canali, G. Madji and G. Ottavoani, J. Appl. Phys. 50 (1979) 255.

- [Gas'93] : P. Gas, F. M. D'Heurle, Appl. Surf. Sci. 73, (1993) 153.

- [Nicolet'83]: M.A. Nicolet and S. S. Lau, « VLSI Electronics, Microstructure science », edited by Ni. G. Eispruch and G. B. Larrabee (academic, New York, 1983), vol6, p 330.

- [Barge'95]: T. Barge, P. Gas, J. Mater. Res. 10, 1134 (1995).
- [Darken'53]: L.S. Darken, R. W. Gurry, Physical Chemistry of metals, McGraw Hill, New York, (1953).
- [Gas'93] : P. Gas et F.M. d'Heurle, Appl. Surf. Scien. 73, (1993)153.
- [d'Heurle'86]: F. M. d'Heurle, P. Gas, J. Mater. Res. **1**, (1986) 205.
- [Nemouchi'05]: F. Nemouchi, D. Mangelinck, C. Bergman, P. Gas et U. Smith, Appl. Phys. Lett. 86 (2005) 041903.
- [d'Heurle'85]: F. M. d'Heurle , P. Gas, et J. Phillibert, Sol. Stat. Phen., 41 (1995) 93.
- [Nemouchi'05]: F. Nemouchi, « Réactivité de films nanométriques de nickel sur substrats silicium-germanium », Thèse de doctorat, Université Aix-Marseille III, 2005.
- [Mangelinck'95]: D. Mangelinck, « Etudes de l'adaptation des paramètres cristallins de NiSi2 et Si par substitution du nickel » Thèse de doctorat, Université des sciences d'Aix-Marseille III, 1995.
- [Lavoie'03]: C. Lavoie, F. M. d'Heurle, C. Detavernier, and C. Cabral, Jr. Micro. Eng., 70 (2003) 144.
- [Knauth'94]: P. Knauth, A. Charaï, C. Bergman and P. Gas, J. Appl. Phys. 76 (9) (1994) 5195.
- [Detavernier'03]: C. Detavernier, C. Lavoie, F.M. d'Heurle, J. Appl. Phys. 93 (2003) 2510.
- [Coia'05]: C. Coia, C. Lavoie, A.J. Kellock, F. D'Heurle, C. Detavernier et P. Desjardins., Conf. on Diffusion in Solids and Liquids, (2005) 407.
- [Mangelinck'99]: D. Mangelinck, J. Y. Dai, J. Pan, and S. K. Lahiri, Appl. Phys. Lett. 75 (1999) 1736.
- [Chi'97]: D. Z. Chi, D. Mangelinck, J.Y. dai et S.K. Lahiri., Appl. Phys. Let. 73 (2000) 3385.
- [Lee'01]: P. S. Lee, K. L. Pey, D. Mangelinck, J. Ding, A. S. T. Wee, L. Chan., IEEE Electron Devices Letters, 22 (2001) 568.
- [Mangelinck'05]: D. Mangelinck, « L'effet d'alliage dans les siliciures : mécanismes fondamentaux de croissance et stabilité application à la microélectronique » HDR, Université Paul Cézanne Aix-Marseille III, 2005.
- [Dai'99]: J. Y. Dai, D. Mangelinck, S. K. Lahiri, Appl. Phys. Let. 75 (1999) 2214.
- [Dybkov'02]: V. I. Dybkov, « Reaction diffusion and solid state chemical kinetics », The IPMS Publications, Kyiv, 2002.
- [Lee'03]: P. S. Lee, K. L. Pey, D. Mangelinck, J. Ding, L. Chan, Solid State Com, 128 (9-10) (2003) 325.
- [Vizzini'08]: Sébastien Vizzini, « Elaboration et caractérisation d'oxydes d'aluminium ultramince pour une application aux jonctions tunnels magnétiques », Thèse de doctorat, Université d'Aix Marseille II, 2008
- [Haidara'11]: Fanta Haidara, « Etude des mécanismes de formation de phases dans des films minces du système ternaire Al-Cu-Fe » Thèse de doctorat, Université Aix-marseille III (2011)

- [Coia'08]: Cedrick COIA, « Metastable compound formation during thin-film solid state reaction in the Ni-Si System; microstructure and growth kinetics », Thèse de doctorat, Université de Montréal (2008).

- [Cacho'05]:Florian Cacho, « Etude et simulation de la siliciuration du Nickel : Application dans les technologies MOS », Thèse de doctorat, Ecole des mines de Paris.

- [Aimé'07]: Delphine Aimé, « Modulation du travail de sortie de grilles métalliques totalement siliciurées pour des dispositifs CMOS deca-nanometriques », Thèse de doctorat, Institut National des Sciences Appliquées de Lyon.

Chapitre III

Les siliciures de manganèse

1. Introduction

Les siliciures de métaux de transition sont très attractifs, grâce à leurs applications potentielles dans les procédés de fabrication en VLSI (Intégration à très grande échelle) et grâce à leurs caractéristiques physico-chimiques. Ils sont utilisés dans la microélectronique pour leurs caractéristiques électriques (contacts ohmiques ou Schottky), dans la détection et émission d'ondes lumineuses de différentes longueurs d'ondes, pour leurs caractéristiques semi-conductrices et ils sont très prometteurs pour la thermoélectricité.

Le manganèse est un métal de transition. Sa réaction avec le silicium donne naissance aux siliciures de manganèse, dont les structures et les caractéristiques des phases son très différentes. On peut trouver des siliciures riches en manganèse, à propriétés métalliques, du mono-siliciure de manganèse (MnSi) dont les propriétés sont aussi métalliques présentant des propriétés magnétiques, ou encore des siliciures de Manganèse riches en silicium qui présentent un comportement semiconducteur. Une partie de ces derniers sont aussi appelés HMS (pour Higher Manganese Silicides) dont les propriétés semiconductrices, la stabilité en température et la résistance à la corrosion, leur permettent d'être utilisés aussi bien pour l'optoélectronique que pour la thermoélectricité.

2. Formation des siliciures de manganèses.
a) Diagramme de phases Mn-Si

Nous avons expliqué précédemment (chapitre II) que la mise en contact de deux matériaux purs A et B conduit à former un couple de diffusion, ce système est alors hors d'équilibre. Une force motrice apparaît provoquant le transport de l'élément A (et / ou B) suivant le gradient de potentiel chimique afin de stabiliser le système.

La *figure 3.1* montre le diagramme d'équilibre entre phases du système binaire Mn-Si. Ce diagramme nous renseigne sur les composés qui se forment entre le manganèse et le silicium à différentes proportions. Lorsque nous regardons l'évolution des composés intermétalliques en fonction de la température, le diagramme est assez complexe. Dans cette étude nous ne parlerons que de la partie qui montre les composés à des températures inférieures à 900°C. En effet, dans notre étude nous n'avons pas utilisé une température supérieure à 900°C.

A partir de ce diagramme nous constatons qu'il existe de nombreux composés riches en manganèse mais un seul riche en silicium, il est noté $MnSi_{1.75}$ et appelé HMS. L'ensemble des phases intermédiaires du système Mn-Si reportées dans la littérature est récapitulé dans le *tableau 3.1*. On constate que plusieurs phases ont des compositions voisines de celle de $MnSi_{1.75}$.

Tableau 3.1 : structures et paramètres de maille des différentes phases de siliciures de manganèse

Phase intermédiaire	Réseau	Groupe d'espace	Paramètres de mailles			Référence
			a (Å)	b (Å)	c (Å)	
Mn_6Si	Rhomboédrique	R-3	10.8950	10.8950	19.2070	
$Mn_{0.83}Si_{0.11}$ ($Mn_{44.1}Si_{8.9}$)	Rhomboédrique	R-3	8.9590	8.9590	8.9590	
$Mn_{85.5}Si_{14.5}$	Rhomboédrique	R-3	10.8705	10.8705	19.1799	
$Mn_{81.5}Si_{18.5}$ (Mn_4Si)	orthorhombique	Immm	16.9920	28.6340	4.6560	
Mn_3Si	Cubique	Fm-3m	5.7200			
Mn_5Si_2	Tétragonale	P42212	8.9097	8.9097	8.7153	
Mn_5Si_3	Hexagonale	P63/mcm	6.8980	6.8980	4.8000	
MnSi	Cubique	P213	4.5603			
$Mn_{14}Si_{23}$ [$MnSi_{1.643}$]	Orthorhombique	Pnnm	12.4700	15.5000	4.7600	
$Mn_{11}Si_{19}$ ($Mn_{44}Si_{76}$) [$MnSi_{1.727}$]	Tétragonale	P-4n2	5.5200	5.5200	48.2000	[Imai'00]
$Mn_{26}Si_{45}$ [$MnSi_{1.731}$]	Tétragonale	?				[Flieher'67]
$Mn_{15}Si_{26}$ [$MnSi_{1.733}$]	Tétragonale	I-42d	5.5250	5.5250	65.5500	
$Mn_{19}Si_{33}$ [$MnSi_{1.737}$]	Tétragonale					[higgins'08, Okada'01-2]
$Mn_{27}Si_{47}$ [$MnSi_{1.747}$]	Tétragonale	P-4n2	5.5300	5.5300	117.9000	
Mn_4Si_7 ($Mn_{16}Si_{28}$) [$MnSi_{1.75}$]	Tétragonale	P-4c2	5.5250	5.5250	17.4630	
Mn_3Si_6 [$MnSi_2$]	($\alpha=\beta=90°, \gamma=60$)		4.4600	4.4600	6.4000	[Imai'00]

b) Formation des siliciures de manganèse en film minces

Séquences de formation des phases : En général dans un couple de diffusion dans un matériau massif, toutes les phases décrites par le diagramme d'équilibre vont croître simultanément, à l'exception de quelques composés qui peuvent ne pas apparaître [Kidson'61, Wagner'69]. Par contre dans un couple en films minces, ces phases tendent à croître séquentiellement. Par ailleurs plusieurs phases observées dans les massifs n'apparaissent pas dans les couples en films minces [Zhang'91, Barge'95, Eizemberg'82]. Cela signifie que la réaction entre le film mince métallique et un substrat de silicium conduira à la formation, successivement, de plusieurs siliciures, allant du plus riche en métal au composé le plus riche en silicium. En effet plusieurs règles ont été formulées pour prédire la première phase se formant dans le système M/Si en film mince. Gas et D'heurle ont proposé [D'Heurle'86 et 95] une règle où seuls les mécanismes lacunaires sont pris en compte au cours de la diffusion réactive. Dans cette règle la phase qui se formera en premier est celle dont l'élément qui diffuse le plus vite est majoritaire.

Dans le système Mn/Si en film mince l'élément diffusant majoritairement est le manganèse. Son coefficient de diffusion suit une loi d'Arrhenius et est donné par [Gilles'86] : $D_{Mn} = (6,9 \pm 2,2).10^{-4}.\exp((-0,63 \pm 0.03)/k_B T) cm^2 s^{-1}$

Le manganèse diffuse dans le silicium mais en utilisant les sites interstitiels [adambaev'03]. Il a été vu que les phases riches en manganèse apparaissent en premier, la règle citée ci-dessus est alors applicable. Les résultats reportés dans la littérature montrent aussi qu'à des températures relativement basses les phases riches en manganèse apparaissent. On retrouve par réaction en phases solides, à des températures inférieures à 400°C, les phases Mn_5Si_3, le Mn_3Si [zhang'91,Okada'01-2], le $MnSi$ à 400°C [Eizenberg'82, Zhang'91, Lippitz'04]. Alors que les phases riches en silicium ne sont formées qu'à plus hautes températures [Sunno'01, Chauduri'04, Eizenberg'82, Kamilov'05, Teichert'01, wang'97, Adambaev'03]. D'autres techniques plus spécifiques sont utilisées pour la formation des HMS et aussi pour tenter de réaliser des épitaxies de ces films sur substrat de silicium technologique.

Première phase dans le système Mn/Si : Comparé aux autres siliciures comme les siliciures de fer, de cobalt, de nickel ou de titane la cinétique de formation des siliciures de manganèse n'a jusqu'à présent pas était très étudiée. Dans la littérature, on trouve des discordances entre les résultats rapportés dans des publications. La première phase qui se forme entre un film de manganèse et le substrat de silicium n'est pas rapportée expérimentalement [prétorius'96]. Des prédictions donnent le Mn_3Si ou le Mn_5Si_3 comme première phase à se former dans le système Mn/Si [walser'76, pretorius'96]. En effet les calculs donnent ces deux phases, cinétiquement et thermodynamiquement, les plus favorables à se former en premier [zhang'91].

Malgré des succès relatifs de quelques règles établies jusqu'à présent [walser'76, Tsaur'81, Béné'82, prétorius'96], il est difficile de prédire la phase qui se forme en premier dans un système et il est encore plus difficile de prédire la séquence de formation de ces phases en prenant en compte les propriétés thermodynamiques des composés, ou leur position dans le diagramme d'équilibre entre phases.

La formation des siliciures par réaction en phase solide dans le système Mn/Si en films minces a été expérimentalement étudiée par Eizenberg [Eizenberg'82] et Zhang [zhang'91]. Les résultats reportés par ces auteurs ne sont pas en accord. La première phase qui se forme n'est pas la même et donc la séquence de formation de phases aux basses températures non plus.

En effet, Eizenberg à reporté la formation de la phase *MnSi* seule à 400°C sur toute l'interface Mn/Si, tandis que Zhang en 1991, détecte la phase Mn_3Si qui se forme en premier, suivie de la formation de *MnSi* puis de la formation de Mn_5Si_3 qui croît à l'interface Mn_5Si_3/MnSi. Zhang a émis deux hypothèses pour expliquer cette différence : soit Eizenberg avait des cristallites de petite taille qu'il n'a pas pu détecter avec les techniques utilisées (RBS et DRX), soit il y a deux mécanismes de formation dans Mn/Si.

Zhang a ensuite présenté un modèle, basé sur ses résultats expérimentaux, dans lequel il décrit la formation des siliciures de manganèse. Il a donc présenté la formation des phases Mn_3Si puis *MnSi* et en suite Mn_5Si_3. Mn_3Si et Mn_5Si_3 disparaissent ensuite pour ne laisser à 430°C que MnSi. MnSi est la seule forme présente à cette température même après un recuit de 30 minutes.

Mécanismes de formation des phases : Dans ses travaux sur les siliciures de manganèse Zhang a trouvé ceci :

- Etape (1) : La première phase qui se forme est ***Mn_3Si*** à 380°C après 10mn.

- Etape (2) : la phase *MnSi* apparaît à l'interface *Mn₃Si/Si*. après un certain temps à la même température.
- Etape (3) : la phase *Mn₅Si₃* apparaît à l'interface *Mn₃Si/MnSi* 60mn à la même température.
- Etape (4) : la phase *M₅Si₃* consomme *Mn₃Si* totalement et est consommée totalement par *MnSi* après 60mn de recuit à 430°C. le silicium nécessaire pour ces réactions de transformation vient du substrat.

Pour expliquer les résultats obtenus expérimentalement (*Mn₃Si* apparait à 380° C après 10 min de recuit puis sont formées les deux autres phases *MnSi* et *Mn₅Si₃* respectivement à après 40 et 60mn de recuit toujours à 380°C), Zhang a supposé que [Zhang'91] :

a) - la zone de réaction se trouve entre la phase comportant l'élément le moins diffusant (ou qui présente moins de mouvement) et la phase qui se forme.

b) - l'un des éléments qui réagissent diffuse à travers la phase en croissance pour atteindre la zone de réaction, il est considéré comme réactif en mouvement (mobile). L'autre réactif (élément ou composé) est considéré comme moins mobile, à cause de sa faible diffusivité dans la phase en croissance.

c) - La composition dans la zone de réaction détermine la réaction cinétiquement avantagée (la réaction mettant en jeu l'élément le plus abondant dans la zone de réaction est privilégiée).

d) - puisque le nombre d'atomes des espèces non-mobiles dans la région est limité, la composition dans cette région dépend principalement de la diffusivité des réactants mobiles. Ainsi plus ces réactifs diffusent rapidement plus leur concentration dans la région de réaction est importante. Par conséquent, selon la supposition (c) la réaction qui sera préférée est principalement déterminée par les réactifs mobiles (en mouvement).

e) - puisque la zone de réaction est essentiellement composée d'un mélange de différents atomes, il est raisonnable d'appliquer le critère thermodynamique, pour une réaction en solution dans cette région : ΔG < 0, où ΔG est l'énergie libre de Gibbs. Pour la réaction $(a/b).A+B \to (c/b).C$,

$$\Delta G = \Delta G^0 + RT \ln Q \qquad (3.1)$$

$$Q = \frac{a_C^{c/b}}{a_A^{a/b} \times a_B} \qquad (3.2)$$

Avec : ΔG^0 l'énergie libre standard, R la constante des gaz parfaits, T la température, Q le quotient d'activité et a_A, a_B, et a_C l'activité de chaque réactif ou produit respectivement.

A l'équilibre :

$$\Delta G = \Delta G^0 + RT \ln K = 0 \qquad (3.3)$$

Avec K la constante d'équilibre.

Donc la condition pour que $\Delta G < 0$ est :

$$\frac{Q}{K} < 1 \qquad (3.4)$$

A partir des équations (3.3) et (3.4); si une réaction se produit, elle dépendra fortement des activités des réactifs. Selon les suppositions (a) et (b), la zone de réaction se déplace avec la croissance de la nouvelle phase et cette dernière se réorganise sur le réseau en même temps qu'elle se forme. En conséquence même si les réactifs sont dans un mélange atomique le produit de la réaction est quasiment dans son état pur. Pour simplifier, les activités des produits de toutes les réactions peuvent êtres alors approximées à une seule. Les réactivités des réactifs sont affectées.

A partir de (d) et (e) il est évident qu'en contrôlant la composition dans la zone de réaction, la diffusion peut, non seulement déterminer la réaction qui est cinétiquement préférable, mais aussi a un important effet sur l'équilibre thermodynamique de la réaction.

En conformité avec le modèle présenté, des critères supplémentaires sont proposés :

i. Si le flux du réactif mobile dans la zone de réaction est constant, et si seulement une réaction est thermodynamiquement permise, cette réaction se produira jusqu'à ce que l'un des réactifs soit totalement consommé ou que le flux des réactifs mobiles change considérablement.

ii. Si le flux du réactif mobile dans la zone de réaction est maintenu constant, et si plus d'une réaction dans cette région satisfont les conditions thermodynamiques, seule la réaction qui répond au flux de diffusion peut avoir lieu réellement.

iii. Si le flux du réactif mobile change et induit un changement important dans la composition de la zone de réaction avant que l'un des réactifs ne soit totalement consommé, et si plus d'une réaction sont thermodynamiquement permises dans une large gamme de composition ; le processus de réaction peut être alors divisé en plusieurs étapes. Dans ces différentes étapes, des réactions différentes peuvent avoir lieu ; chaque réaction qui va se produire maintenant doit satisfaire les critères (i) et (ii).

Avec son modèle Zhang a pu expliquer la séquence de formation des phases qu'il a obtenue. Nous reviendrons sur ce modèle dans le chapitre de la discussion des résultats.

Les équations des réactions, pouvant avoir lieu aux basses températures, et les énergies libres de formation leur correspondant sont données dans le *tableau 3.2* :

Pour les températures plus élevées, tout comme pour les basses températures, plusieurs résultats concernant l'apparition de la première phase HMS ont été reportés. La formation des HMS est détectée à différentes températures, et les résultats publiés concernant la coexistence des phases dans un film de siliciure de manganèse différent d'un auteur à l'autre. Alors que Xie obtient un HMS à 550°C et la phase *MnSi* est toujours présente dans son film même après 20 min de recuit à 800°C. A cette température coexistent donc MnSi et HMS. Pour Eizenberg le HMS consomme le *MnSi* après 30 minutes à 600°C et pour Wang [Wang'97] le HMS apparaît à 600°C et consomme toute la phase *MnSi* au bout d'une heure de recuit.

Tableau 3.2. Les réactions possibles pouvant produire les phases détectées aux basses températures.

	Equation de la réaction	Energie libre standard associée à la réaction ΔG^0 (kJ mol^{-1})
(1)	3 Mn + Si = Mn$_3$Si	-130.5
(2)	Mn + Si = MnSi	-94.1
(3)	(5/3) Mn + Si = (1/3) Mn$_5$Si$_3$	-81.8
(4)	Mn$_3$Si + (1/3) Si = (3/5) Mn$_5$Si$_3$	-16.8
(5)	Mn$_3$Si + 2Si = 3MnSi	-151.7
(6)	(3/5) Mn$_5$Si$_3$ + (5/3) Si = 3 MnSi	-134.8
(7)	Mn$_3$Si = 2Mn + MnSi	+36.4
(8)	Mn$_3$Si = (1/3) Mn$_5$Si$_3$ + (1/3) Mn	+47.5
(9)	Mn$_3$Si + 2 MnSi = Mn$_5$Si$_3$	+73.1
(10)	Mn$_3$Si + 1/3 Si = (1/2) Mn$_5$Si$_3$ + (1/2) Mn	+7.7

Il est très difficile de savoir quel est le HMS formé, c'est pour cela que la plupart des auteurs de publications sur les HMS parlent de *MnSi$_{1.7}$*. En réalité, dans la zone décrite dans le diagramme d'équilibres entre phases comme MnSi$_{1.7}$ ou encore MnSi$_{2-x}$ il y a plusieurs phases dont les stœchiométries sont très voisines. On retrouve (*2-x*) égale à *1.727* pour *Mn$_{11}$Si$_{19}$*, *1.733* pour *Mn$_{15}$Si$_{26}$*, *1.74* pour *Mn$_{27}$Si$_{47}$* et *1.75* pour le *Mn$_4$Si$_7$*. Il est aussi très difficile de les distinguer par leurs diffractogrammes de rayons X car ils présentent des pics à des angles très proches, ceci à cause de leurs structures cristallines très voisines et donc des plans hkl.

3. Caractéristiques des différents siliciures de manganèse riches en manganèse

Les siliciures de manganèse riches en manganèse sont les premières phases à se former dans les réactions en films minces du système Mn/Si. Ils se présentent sous des formes cristallines très différentes. Le *tableau 3.1* montre les différentes structures de ces siliciures. Ils ont aussi des propriétés métalliques et possèdent, pour quelques uns d'entre eux, des propriétés magnétiques. Par exemple le *Mn$_5$Si$_3$* est antiferromagnétique, alors que le *Mn$_5$Si$_2$* est paramagnétique [Srivastava'11, Cristis'02,

[Takano'06], ces composés sont attractifs pour le magnétisme et la spintronique. *MnSi* possède une structure cubique et présente des propriétés ferromagnétiques [Zou'07, Hortomani'07] avec une température de curie de 30K.

4. Caractéristiques des HMS

Les siliciures de manganèses présentent différentes caractéristiques en fonction de la proportion des deux éléments de la phase en question. En effet, contrairement aux autres siliciures de manganèse qui ont des propriétés métalliques, les HMS possèdent des propriétés semiconductrices pour la plupart. Les structures cristallines sont tétragonales comme le montre le *tableau 3.1*, avec les paramètres de maille « a » et « b » très voisins et le paramètre « c » très différent d'une phase à une autre.

4.1. Structure des HMS

La possibilité de croissance épitaxiale de couches de siliciures de manganèse sur substrat de silicium confère à ces derniers une grande importance technologique que ce soit pour des applications en microélectronique, en optoélectronique ou en thermoélectricité. Les siliciures à propriétés semiconductrices attirent aussi beaucoup d'intérêt pour leur respect de l'environnement.

Les HMS possèdent les mailles les plus complexes de tous les siliciures. La maille des HMS est tétragonale avec un paramètre « c » très grand ; pour certaines de ces phases ce paramètre est aux environs de 10 nm (pour le $Mn_{27}Si_{45}$ *c=117,9 Å*). Le *tableau 3.3* présente les différents HMS avec leurs paramètres de maille.

Les HMS ont d'abord été identifiés par Borén en 1933, la formule proposée était $MnSi_2$ [Mogila'03]. En utilisant la technique de diffraction des rayons X, Boren a montré aussi que la maille unitaire du siliciure de manganèse est tétragonale et que ses paramètres de maille sont *a = 5,52 Å* et *c = 17,46 Å*. Ce n'est que dans les années soixante que Korshunov[Mogila'03] mirent en évidence un domaine d'homogénéité pour les siliciures de manganèse riches en silicium ; ils décrivirent ces siliciures en utilisant la formule $MnSi_x$ avec *x = 1,67 à 1,75*. Suite à cette publication, beaucoup d'efforts ont été fournis pour définir la composition exacte des HMS considérés ainsi que la structure cristalline leur correspondant.

4.2. Le concept « Nowotny Chimney-Ladder » dans les phases HMS.

Il a été montré que $MnSi_{1.7}$ appartient au groupe spécial appelé en anglais « Nowotny Chimney-ladder » NCL (ou échelle-cheminée de Nowotny). Cette appellation est due au fait que dans ce groupe (auquel appartient $MnSi_{1.7}$, $VGe_{1.82}$, $MoGe_{1.77}$ ou encore le $RuSn_{1.5}$), l'arrangement des atomes pour les différents constituants de la maille est basé sur le même modèle. Si on prend l'exemple de $MnSi_{1.7}$ (considéré auparavant comme $MnSi_2$), en considérant la diminution du nombre d'atomes de Si, ce composé peut alors être considéré comme «T_mE_n ou TE_{2-x}, où 2-x représente le rapport n/m» avec T l'élément de transition (ici le manganèse) et E l'élément du groupe 13 ou 14 (représentant ici le Si, Ge ou Sn).

La construction de cette structure est dérivée de celle de $TiSi_2$ (C54) mais elle présente des défauts d'arrangement des atomes de Si. Dans ces structures les atomes des éléments de transition forment une sous maille tétragonale avec un arrangement pseudo-hexagonal dans le plan (110). Cet arrangement pseudo-hexagonal est similaire à celui du plan (100) du $TiSi_2$. Un second sous-réseau, représenté par les emplacements des atomes de Si forme, par sa sous-maille élémentaire suivant l'axe c, des hélicoïdes contenus dans la sous-maille tétragonale du manganèse. Comparée à la maille de $TiSi_2$, la maille de TE_{x-2} est donc étendue suivant l'axe c alors qu'elle reste la même pour les deux autres directions. Il en résulte que le paramètre c de la sous-maille de l'élément E (ici le silicium), c^{Si}, est plus grand que celui de l'élément de transition T (ici le manganèse), c^{Mn}. La *figure.3.2* représente les structures des différents HMS : Mn_4Si_7, $Mn_{11}Si_{19}$, $Mn_{15}Si_{26}$ et $Mn_{27}Si_{47}$. Les rapports élevés des paramètres c/a sont bien visibles sur cette figure. L'axe c présente en plus des deux règles que nous allons présenter dans le paragraphe suivant, d'autres règles communes aux HMS. Par exemple, les paramètres de maille a et b sont les mêmes pour tous les HMS, tandis que le paramètre c est un multiple d'une constante c'[john'04], c'est pourquoi cet axe est appelé 'pseudo axe c'.

4.3. Les règles empiriques dans les HMS

4.3.1. La règle du pseudo axe c :

La constante c' que nous venons de citer au paragraphe précédent est une valeur constante, elle a pour valeur $c' = 4.365 Å$. Le paramètre c est égal à c' fois le nombre d'atomes de Mn dans la structure. Autrement dit, en divisant c par c', on retrouve le nombre d'atomes de manganèse contenus dans la formule du HMS. Par exemple, pour le Mn_4Si_7 on aura $c=17.46 Å$, donc en faisant le rapport de c par c', on obtient la valeur '4'. *tableau.3.3* présente les paramètres de maille c des différents HMS ainsi que leur rapport avec c'.

On utilise parfois l'expression de « défauts d'arrangement des atomes de Si » dans ces phases, mais en réalité les atomes se placent d'une manière régulière et occupent des sites cristallographiques bien définis. La stabilité de ces structures est expliquée par la constante de concentration des électrons par atome de transition T ou par la sous-maille de cet élément. Ces constantes, pour quelques éléments, sont données dans le tableau.3.4 [Frederic'04-51].

Tableau 3.3. Le paramètre c de la maille du HMS et sa relation avec c'

siliciure	Nombre d'atomes de Si	C (Å)	c/c'
Mn_4Si_7	4	17.46	4
$Mn_{11}Si_{19}$	11	48.82	11.04
$Mn_{15}Si_{26}$	15	65.331	14.96
$Mn_{27}Si_{47}$	27	117.9	27.01

4.3.2. La règle des 14 électrons :

Les phases T_nE_m dites « Novotny Chimney-Ladder » ou (NCL) sont des séries de structures formées entre des éléments de transition (T, des groupes 4 à 9) et des éléments (E, des groupes 13, 14 et récemment des exemples du groupe 15 sont aussi présentés) [frederic'04-51]. Derrière cette stœchiométrie « T_nE_m » visiblement simple se cache une structure d'une grande complexité, mais qui n'échappe pas aux règles de stabilité. Pour les NCLs, en plus de l'axe c' que l'on vient de définir, une autre règle empirique a été observée. La règle des 14 électrons.

Tableau 3.3. Quelques exemples de la règle des 14 électrons.

Siliciure	Type de structure	e^-/T
$Mn_{11}Si_{19}$ ($Mn_{44}Si_{76}$)	$Mn_{11}Si_{19}$	13.90
$Mn_{26}Si_{45}$	$Mn_{26}Si_{45}$	13.92
$Mn_{15}Si_{26}$	$Mn_{15}Si_{26}$	13.93
$Mn_{27}Si_{47}$	$Mn_{27}Si_{47}$	13.96
Mn_4Si_7 ($Mn_{16}Si_{28}$)	Mn_4Si_7	14
Ru_2Sn_3	Ru_2Sn_3, Ru_2Ge_3	14
$RuGa_2$	$TiSi_2$	14
Ru_2Si_3	Ru_2Ge_3, Ru_2Sn_3	14
Ir_3Ga_5	Ir_3Ga_5	14
Mn_3Ge_5	$Mn_{11}Si_{19}$	13.67
$Rh_{17}Ge_{22}$	$Rh_{17}Ge_{22}$	14.18
$Rh_{10}Ga_{17}$	$Rh_{10}Ga_{17}$	14.1
Tc_4Si_7	Mn_4Si_7	14
Re_4Ge_7	Mn_4Si_7	14

En effet comme le montre le tableau 3.3, dans un composé TE_{2-x} (avec T un métal de transition) de structure NCL, il existe une règle qui lie cette structure au nombre expérimental « 14 » ; ce nombre est défini par le nombre total des électrons de valences par atomes T.

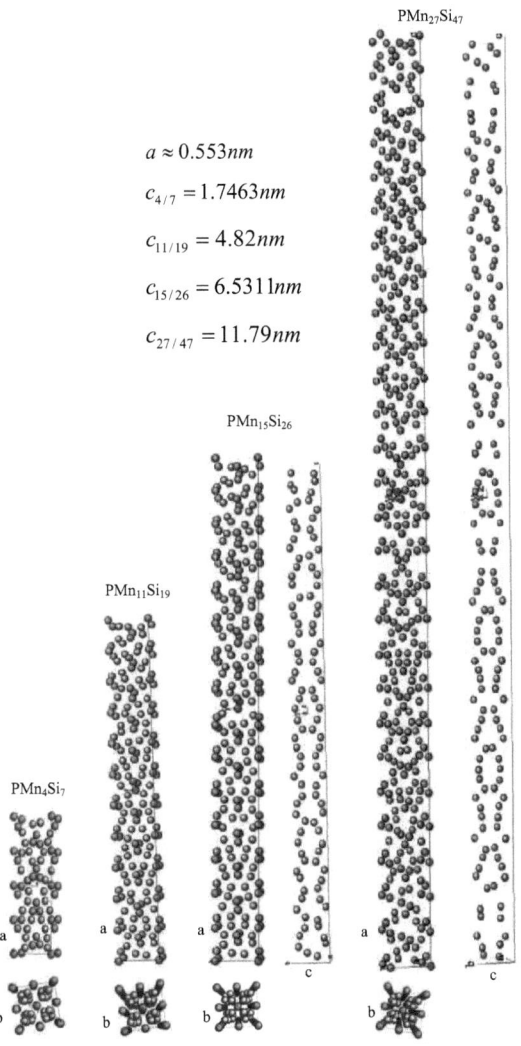

$a \approx 0.553nm$

$c_{4/7} = 1.7463nm$

$c_{11/19} = 4.82nm$

$c_{15/26} = 6.5311nm$

$c_{27/47} = 11.79nm$

Figure.3.2. Présentation des structures des mailles des HMS et arrangement des atomes des deux éléments Si et Mn : (a)- maille du HMS, (b)- vue suivant l'axe c, (c)- la sous maille de silicium.

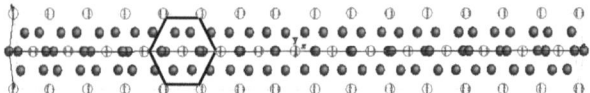

Figure.3.3. la structure pseudo-hexagonale de la sous-maille du HMS suivant le plan (110), obtenue par le logiciel « Carine crystallography » et « Powder cell ».

4.3.3. Propriétés thermoélectriques des HMS

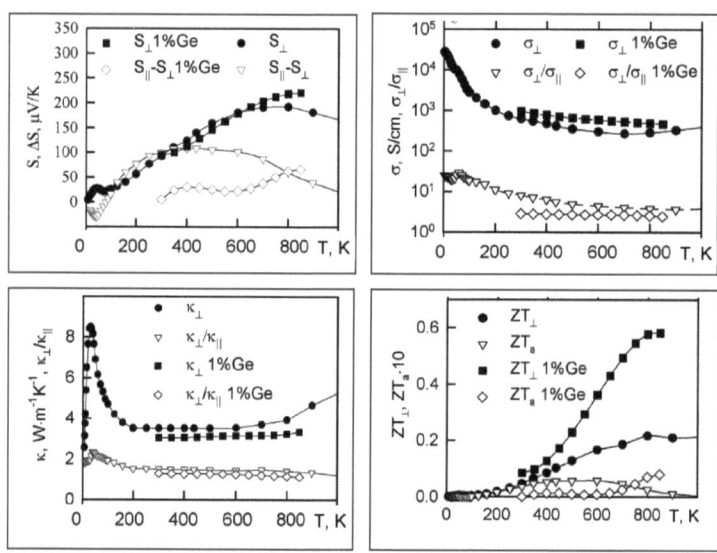

Figure3.4 : Propriétés thermoélectriques d'HMS pures et dopés au Germanium (à 1%) suivant l'axe c et son anisotropie thermoélectrique [Fedorov'08]

Les siliciures semiconducteurs ($MnSi_{1.7}$, Mg_2Si, $CrSi_2$, β-$FeSi_2$, $ReSi_{1.75}$,...etc.) ont des valeurs des figures de mérite assez faibles (ZT= 0.4 à 0.7) comparé aux matériaux obtenus à base de tellure, de bismuth et de plomb. Ces derniers sont la base de la plupart des modules thermoélectriques fabriqués actuellement en industrie, mais ils présentent les propriétés d'être très toxique et donc pas très prometteurs dans le future.

Les siliciures thermoélectriques présentent néanmoins des propriétés qui les rendent très attractifs puisque la technologie du silicium est très maitrisée et leur respect pour l'environnement et la santé humaine. La propriété la plus importante pour les siliciures de manganèse est le fait de présenté une anisotropie thermoélectrique. En effet on peut voir sur la figure 3.34 l'anisotropie thermoélectrique des HMS.

References:

- [Kidson'61]: G. V. Kidson, J. Nucl. Mater. 3 (1961) 21.
- [Wagner'69]: C. Wagner, Acta MaterialI. 17 (1969) 99.
- [Walser'76]: R. M. walser and R. W. Bené, Appl. Phys. Lett., 28, (1976) 624.
- [Eizemberg'82]: M. Eizemberg and K.N Tu, J. Appl. Phys. 536885 (1982).
- [D'Heurle'86]: F. M. d'Heurle, P. Gas, J. Mater. Res. 1 (1986) 205.
- [Barge'93]: T, Barge, « formation de siliciures par réaction métal-Silicium : Rôle de la diffusion », Thèse de doctorat Université Aix-Marseille III, 1993.
- [Gas'93]: P. Gas et F.M. D'Heurle, Appl. Surf. Sci. 73 (1993) 153.
- [D'Heurle'95]: F. M. d'Heurle , P. Gas, et J. Phillibert, Sol. Stat. Phen., 41 (1995) 93.
- [Pretorius'96]: R. Pretorius, Thin Solid films, 290-291 (1996) 477-484.
- [Kettle'97]: S. Kettle, Symétrie et structure: théorie des groupes en chimie, Masson 1997.
- [Arnaud'97]: Paul Arnaud, Cours de chimie organique, Dunod, 16e édition, 1997.
- [Hortomani'07] : M. Hortamani, P. Kratzer, and M. Scheffler, Phys. Rev. B 76, 235426 (2007).
- [Okada'01-1] : S. Okada, T. Shishido, M. Ogawa, F. Matsukawa, Y. Ishizawa, K. Nakajima, T. Fukudab, T. Lundström, J. Cryst. Growth 229 (2001) 532–536.
- [Okada'01-2]: S. Okada, T. Shishido, Y. Ishizawa, M. Ogawa, K. Kudou, T. Fukuda, T. Lunström, J. Alloys and Compds 317-318 (2001) 315-319.

- [Tatsuoka'01]:H. Tatsuoka, T. koga, K. Matsuda, Y. Nose, Y. Souno, H. Kuwabara, P. D. Brown, C. J. Humphreys Thin Solid Films 381 (2001) 231-235.

- [Matsuka'02]: K. Matsuka, Y. Takano, K. Kuwabara, H. Tatsuoka,a) and H. Kuwabara, J. Appl. Phys., Vol. 91, No. 8, 15 April 2002.

- [Cristis'02]: G. Ctistis, U. Deffke, J.J. Paggel, P. Fumagalli, J. Magn. Magn. Mater. 240 (2002) 420.

- [Zhang'02] : Q. Zhang, M. Tanaka, M. Takeguchi, and K. Furuya, Surf. Sci. **507–510**, 453 s2002d.

- [Teichert'02] :S. Teichert, H. Hortenbach, G. Beddies, H.-J. Hinneberg, Microelectronic Engineering 60 (2002) 255-259.

- [Mogila'03]: Anna Mogilatenko, "Electron Microscopy Characterization of Manganese silicide layer on silicon" PHD Thesis, Chemnitz University, February 2003.

- [Adambaev'03] : K. Adambaev, A. Yusupov, and K. Yakubov, Inorganic Materials, 39 (2003) 942–946.

- [Kwon'04] : D. Kwon, H. K. Kim, J. H. Kim, Y. E. Ihm, D. Kim, H. Kim, J. S. Baek, C. S. Kim, W. K. Choo, Journal of Magnetism and Magnetic Materials 282 (2004) 240–243.

- [Frederi'04-51]: D. C. Frederickson, S. Lee, R. Hoffmann, and J. Lin, Inorg. Chem. 43 (2004) 6151-6158.

- [Frederi'04-59]: D. C. Frederickson, S. Lee, and R. Hoffmann, Inorg. Chem. 43 (2004) 6159-6167.

- [Mahan'04]: J. E. Mahan, Thin Solid Films 461 (2004) 152– 159.

- [Ctistis'05]: G. Ctistis, U. Deffke, K. Schwinge, J. J. Paggel, and P. Fumagalli, Phys. Rev. B 71 (2005)035431

- [Schwingea'05]: K. Schwingea, C. Müller, A. Mogilatenko, J. J. Paggel and P. Fumagalli, J. Appl. Phys. 97 (2005) 103913.

- [Takano'06]: F. Takano and H. Akinaga, J. Appl. Phys 99 (2006) 08J506.

- [Takano'06]: F. Takanoa, H. Akinaga, H. Ofuchi, S. Kuroda and K. Takita, J. Appl. Phys. 99 (2006) 08J506.

- [Zou'07]: Z.-Q. Zou, H. Wang, D. Wang, and Q. K. Wang Appl. Phys. Lett. 90 (2007) 133111.

- [Carleschi'07]: E. Carleschi, E. Magnano, M. Zangrando, F. Bondino, A. Nicolaou , F. Carbone, D. V.. Marel, F. Parmigiani, Surface Science 601 (2007) 4066–4073.

- [Krause'07]: M. R. Krause, A. J. Stollenwerk, M. Licurse, and V. P. LaBella, APPL. PHYS. LETT. 91(2007) 041903.

- [Savelli'07]: Guillaume SAVELLI « Étude et développement de composants thermoélectriques à base de couches minces » Thèse de doctorat, Université JOSEPH FOURIER, GRENOBLE, 20 novembre 2007.

- [Fedorov'08]: M.I. Fedorov and V.K. Zaitsev, Proceeding of the European Conference on Thermoelectrics (Paris ECT, 2008), pp.I-11-1 - I-11-6.

- [Migas'08]: D. B. Migas, V.L. Shaposhnikov, A. B, Filonov, and V.E. Borisenko, Phys. Rev. B 77 (2008) 075205.

- [Higgins'08]: J. M. Higgins, A. L. Schmitt, I. A. Guzei and S. Jin , *J. Am. Chem. Soc.*, 130 (47) (2008) 16086–16094.

- [Miyazaki'08]:Y. Miyazaki, D. Igarashi, K. Hayashi, and T. Kajitani, Phys. Rev. B 78 (2008).214104.

- [Snyder'08]: G. J. Snyder and E. S. Toberer, Nature materials 7 (2008) 105-114.

- [Miyazaki'08]: Y. Miyazaki, D. Igarashi, K. Hayashi, and T. Kajitani, Phys. Rev. B 78 (2008) 214104.

- [Hou'08]: Q. R. Hou*, W. Zhao, Y. B. Chen, and Y. J. He, phys. stat. sol. (a) 205 11, (2008) 2687-2694.

- [Nolph'09]: C.A. Nolph, E. Vescovo, P. Reinke, Applied Surface Science 255 (2009) 7642–7646.

- [Junhua'09]: H. Junhua, T. Kurokawa, T. Suemasu, S. Takahara, M. Itakura4, and H. Tatsuoka, Phys. Status Solidi A 206, (2009) 233–237.

- [Hou'10]: Q.R. Hou, W. Zhao, Y.B. Chen, Y.J. He, Materials Chemistry and Physics 121 (2010) 103-108.

- [Zhou'10]: A.J. Zhou, X.B. Zhao, T.J. Zhu, T. Dasgupta, C. Stiewe, R. Hassdorf, E. Mueller, Intermetallics 18 (2010) 2051-2056.

- [Srivastava'11]: M. K. Srivastava, P. S Pandey and P. C. Srivastava, Journal of Physics: Conference Series 266 (2011) 012126.

- [Zirmi'13]: R.Zirmi, « Etude et élaboration de siliciures de manganèse Semiconducteurs pour application thermoélectrique », Thèse de doctorat Université Mouloud MAMMERI de Tizi-Ouzou, 2013.

Chapitre IV

Procédures expérimentales

1. Techniques d'élaboration des couches sur substrat de silicium

Des couches métalliques de manganèse et magnésium ont été déposées par pulvérisation cathodique ou par évaporation par faisceau d'électron dans l'équipe « Diffusion Réactive aux Interfaces (RDI) de l'Institut Matériaux Microélectronique Nanosciences de Provence (IM2NP) UMR 6242 CNRS sur différents substrats et ont ensuite été traitées thermiquement pour élaborer les alliages.

Des dépôts ont également été réalisés par Epitaxie par jet moléculaire (MBE) au Centre Interdisciplinaire de Nanosciences de Marseille (CINAM) pour contrôler la pureté de nos dépôts par pulvérisation et évaporation.

1.1. Nettoyage des substrats

Avant dépôt, les substrats sont nettoyés. Le substrat que nous avons principalement utilisé est le silicium (100) non dopé mais nous avons également utilisé des substrats de type SOI (Silicon On Insulator), ainsi que du silicium (111).

La procédure classique de nettoyage de silicium se fait en 5 étapes.

- immersion dans une solution contenant NH_4OH :H_2O dans les proportions suivantes (1 :5), à une température de 65°C pendant 5 min.
- rinçage à l'eau désionisée (10s environ).
- immersion dans une solution contenant HCl : H_2O_2 :H_2O dans les proportions suivantes (1:1:5), à une température de 65°C pendant 1 minute
- rinçage à l'eau désionisée.
- Immersion dans une solution d'HF dilué : HF : H_2O (1 :7) pendant 1 min.

Dans notre cas, la 5iéme étape a été suffisante pour le nettoyage du silicium. Elle permet d'éliminer la couche d'oxyde natif qui s'est formé à la surface du Wafer de silicium.

1.2. Dépôt par Pulvérisation Cathodique

La majorité de nos dépôts ont été réalisés par pulvérisation cathodique pour nous approcher au maximum des conditions de l'industrie VLSI (pour Very large Scale Integration).

a. Principe et description de l'équipement

Le dépôt a été effectué par pulvérisation cathodique magnétron dans une enceinte sous ultra vide. Le dispositif est schématisé sur la *figure 4.1*. Il est composé de 3 porte-cibles disposés selon une géométrie non coaxiale, permettant des co-dépositions. Deux des porte-cibles sont équipés de générateur de tension continue DC tandis que le troisième est équipé d'un générateur RF. Le générateur RF sert à déposer des matériaux de résistance électrique importante comme les semi-conducteurs ou les isolants. Dans ce travail, la cible de silicium a toujours été placée dans le porte cible équipé du générateur RF. Les cibles métalliques ont été placées dans le porte cible DC. Le diamètre des cibles est de 3 pouces. Dans ce montage, la cible joue le rôle de cathode, elle est portée à un potentiel négatif de 100 à 500V.

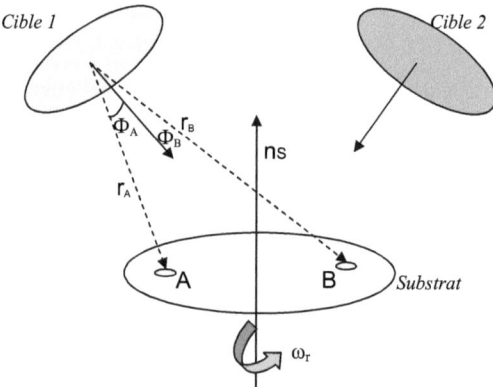

Figure 4.1. Représentation schématique des positions de deux cibles et du substrat pendant le co-dépôt dans le bâti de pulvérisation cathodique. Pendant le dépôt et du fait de la rotation du substrat, le point de la surface marqué passe de la position A à la position B, ce qui modifie les distances r et les angles Φ pour les 2 matériaux co-déposés.

Le substrat disposé à une distance constante de 11 cm, joue lui le rôle d'anode, il est maintenu à la masse. Une fois le système sous ultra vide, du gaz, en général de l'argon (Ar) est introduit dans l'enceinte avec un débit constant pour maintenir une pression constante dans l'enceinte. Une tension est alors appliquée à la cathode pour

créer un champ électrique et ainsi provoquer l'ionisation du gaz résiduel. Cette ionisation apparaît sous forme d'un nuage luminescent, le plasma, localisé entre ces deux électrodes. Le gaz résiduel est devenu conducteur et contient alors :
- des électrons, qui sont attirés par l'anode,
- des ions positifs qui sont attirés par la cible (cathode).

L'effet de pulvérisation est dû essentiellement au choc entre ces ions positifs et les atomes de la cible. L'arrachage des atomes de surface se produira lorsque l'énergie effectivement transférée des ions dépassera l'énergie de liaison des atomes. Les atomes ainsi pulvérisés vont pouvoir se déposer sur le substrat. La vitesse de dépôt dépend de nombreux facteurs comme la masse atomique du matériau cible ou celle des ions incidents, ou bien encore de l'énergie de ces mêmes ions. L'homogénéité du dépôt est assurée par la rotation du porte-substrat à une vitesse de quelques tours par minute.

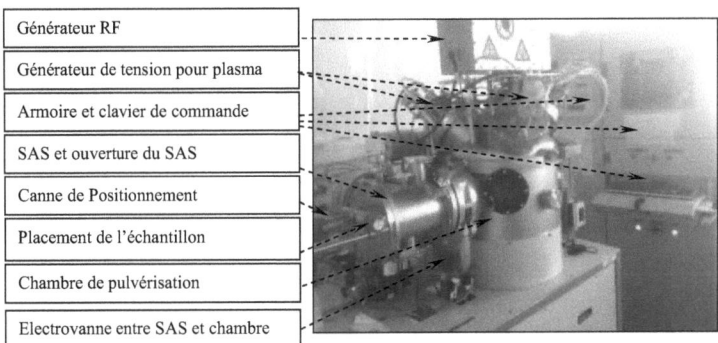

Figure 4.2 : Le bâtit de Pulvérisation cathodique et son tableau et armoire de commande

b. Conditions de dépôt

Les dépôts de films métalliques (Mg et Mn) ont été déposés en mode DC. La pureté des cibles utilisées est 99,99%. Les conditions expérimentales sont les suivantes :
- pression dans l'enceinte avant dépôt : 1.10^{-8} mbar.

- pression de travail après introduction de l'argon : ~3,4.10^{-3} mbar.
- puissance appliquée sur la cible : 200 et 400W
- tension de polarisation (fonction de la puissance appliquée sur la cible) : de 350 à 400V.
- géométrie de l'ensemble : dispositif non coaxiale.
- vitesse de rotation du porte-substrat : 5tr/min et 3 tr/min
- durée du dépôt : dépend de l'épaisseur souhaitée.

La qualité du dépôt (faible rugosité) dépend essentiellement de deux paramètres : la pression de travail (flux d'argon) et la puissance appliquée sur la cible (qui sera différente suivant le matériau à déposer). En effet ces deux paramètres déterminent la qualité du plasma. Il faut noter que l'obtention du plasma nécessite un débit d'Ar minimal ainsi qu'une puissance minimale. Dans le dispositif que nous avons utilisé, il existe également une limitation supérieure pour la puissance, elle est de 500W.

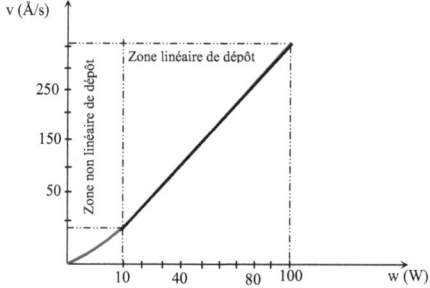

Figure 4.3. Vitesse de dépôt en fonction de la puissance appliquée au plasma, pour le Manganèse et le magnésium.

1.3. Dépôt par Evaporation
1.3.1. Principe et description de l'équipement

Des dépôts de manganèse ont également été réalisés par évaporation. Dans notre cas, l'évaporation se fait à l'aide d'un faisceau d'électrons focalisés sur la cible. Les électrons sont créés par chauffage d'un filament, et leur trajectoire est focalisée grâce à l'action conjuguée d'une tension électrique et d'un champ magnétique. La figure 4.4 montre le principe du dépôt par évaporation par faisceau d'électrons.

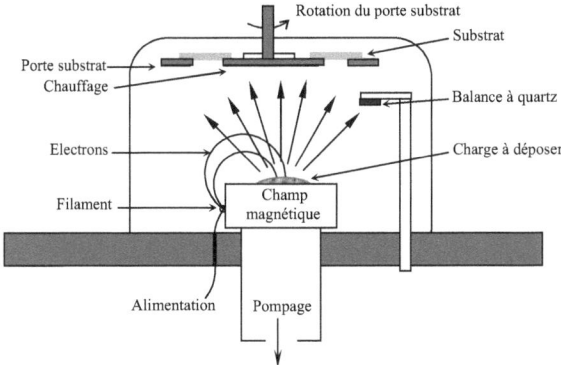

Figure 4.4. Représentation schématique du bâti d'évaporation par canon à électrons.

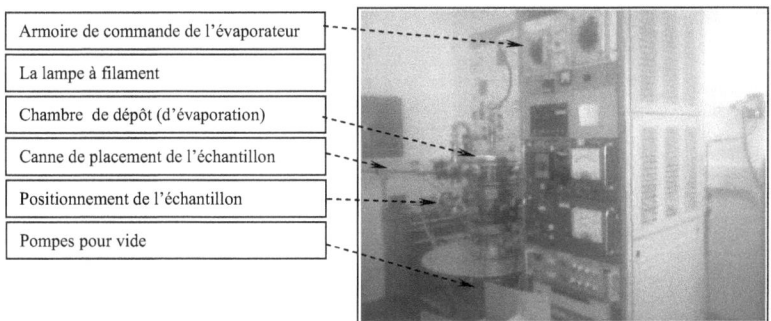

Figure 4.5 : bâtit d'évaporation par faisceau d'électron et son armoire de commande

1.3.2. Conditions de dépôt

Les dépôts dans l'évaporateur sont réalisés sous ultra vide à une pression de 10^{-7} mbar. Les paramètres contrôlables sont l'intensité du courant dans le filament permettant de contrôler la vitesse de dépôt ; les courants utilisés varient de 15 à 16A dans le filament pour donner de vitesses de dépôt de 1.5 à 2 .5 Å/s. la pression dans l'enceinte de dépôt et obtenue préalablement par un système de pompage secondaire. Les temps de dépôt dépendent de l'épaisseur souhaitée et de la vitesse de dépôt choisie, et qui est de quelques Å/s. Nous avons déposé des films métalliques d'épaisseur 25, 50, 60, 75 et 100nm.

1.4. Recuit thermique dans un four classique.

Les traitements thermiques dans les fours classiques ont été réalisés sous vide secondaire (10^{-7}mbar) de façon à éviter l'oxydation des échantillons. La température maximale supportée par les fours utilisés dans ce travail est 1200°C. Néanmoins la température maximale de recuit que nous avons utilisée est 950°C.

La mesure de température se fait par un thermocouple de type K placé à côté de l'échantillon de façon à connaître sa température réelle. L'échantillon est placé dans un tube de quartz dans lequel est réalisé le vide secondaire et ce tube est placé dans le four qui est de type tubulaire. Ce dispositif de chauffe sous vide est similaire à celui utilisé pour les mesures de résistance 4 pointes (voir figure 4.6 et 4.7).

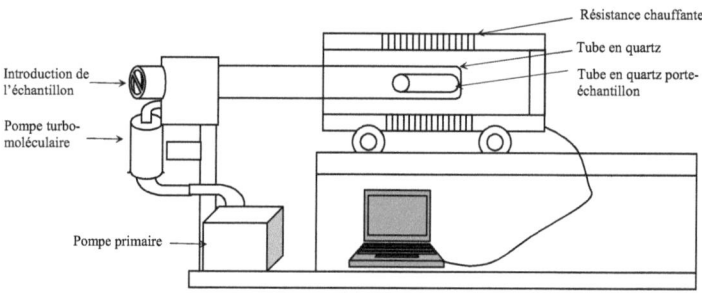

Figure 4.6. Schéma descriptif du four classique pour traitement thermique sous vide des échantillons.

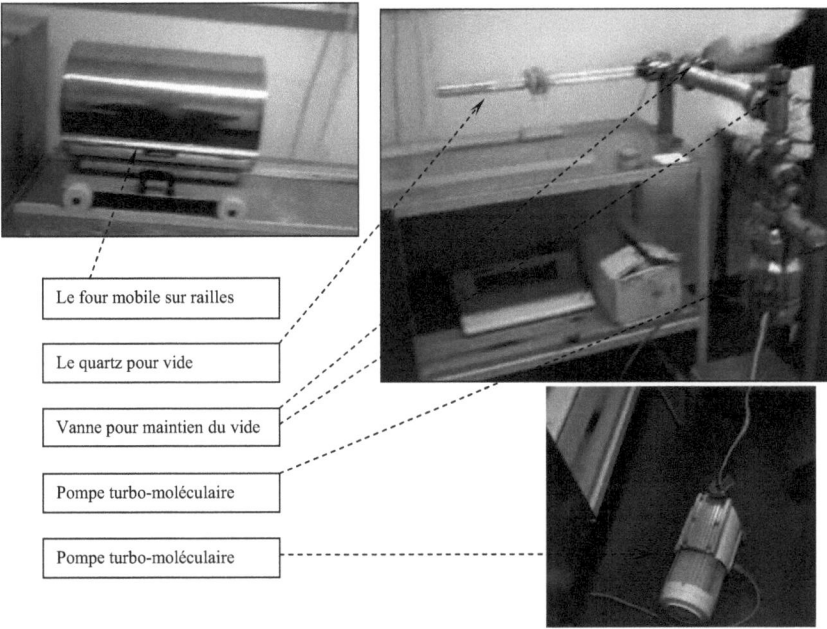

Figure 4.7 : photos des éléments de recuit classique sous vide. a- four mobile sur rail, b- système de pompage du vide secondaire, c- pompe à palettes (primaire).

1.5. Recuit thermique rapide

Le procédé de recuit thermique rapide ou RTP (Rapid Thermal Processing) est largement utilisé dans la fabrication des composants électroniques à grande échelle de production. Les fours à lampes, dont les caractéristiques sont complètement différentes des fours classiques, sont basés sur le transfert optique de l'énergie vers le substrat à traiter grâce à la lumière émise par de puissantes lampes halogènes en tungstène. Ce type de four est plus économique en énergie car les lampes ne fonctionnent que pendant la durée du recuit. De plus l'échantillon absorbe la plus grande partie de l'énergie, ce qui limite au maximum les risques de contamination car les parois sont très peu chauffées.

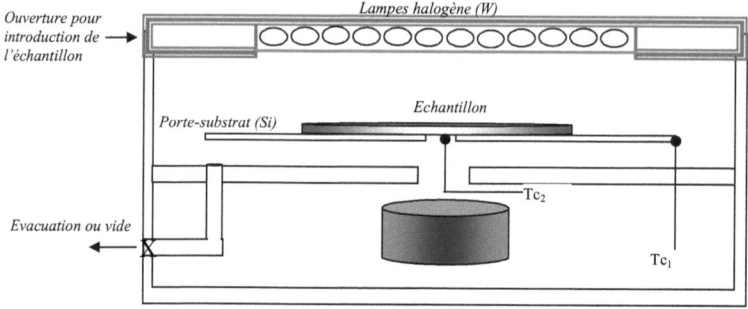

Figure 4.8 : schéma représentant le four à lampes (pour RTP)

Le RTP utilisé dans ce travail est un JetFirst 100[12] de la société JIPELEC. Une douzaine de lampes halogène ventilées permettent de chauffer nos échantillons posés sur un porte-substrat (plaque de silicium). Le four est entièrement refroidi par eau. Deux thermocouples de type K (l'un au bord du porte-substrat et l'autre au centre), permettent le contrôle et la mesure de température. Un pyromètre est également disponible pour la mesure des températures élevées.

Le système JetFirst dispose d'un système de pompage. Il est ainsi possible d'obtenir un vide de l'ordre de 10^{-2} mbar dans l'enceinte. De l'azote peut également être introduit dans l'enceinte pour éviter l'oxydation des échantillons. Avant chaque traitement thermique, une série de plusieurs mises sous vide/remplissages par azote sera réalisée pour éliminer le maximum d'oxygène et ainsi empêcher l'oxydation des films. Pour obtenir une information plus précise sur la température de l'échantillon, la plaque de silicium servant de porte-substrat a été percée, le thermocouple de mesure est alors directement au contact de l'échantillon. Les vitesses de chauffe possibles avec ces dispositifs RTP peuvent être très grandes. Dans ce travail nous avons utilisé principalement la vitesse de chauffe de 300°/min. Différentes températures et durée de recuit ont été programmées pour suivre l'évolution de la surface ainsi que la formation des phases. Le refroidissement de l'échantillon est rapide puisqu'il se fait par coupure de l'alimentation des lampes.

2. Caractérisation des échantillons
2.1. Diffraction des Rayons X
2.1.1. Principe de la diffraction des Rayons X

La diffraction des rayons X est principalement utilisée pour déterminer les phases cristallines présentes dans un matériau, elle peut également être utilisée pour déterminer leur texture. La diffraction est le résultat de l'interférence des ondes diffusées par les nuages électroniques des atomes du cristal. Cette notion d'interférence prend toute son ampleur lorsque l'objet a une structure périodique.

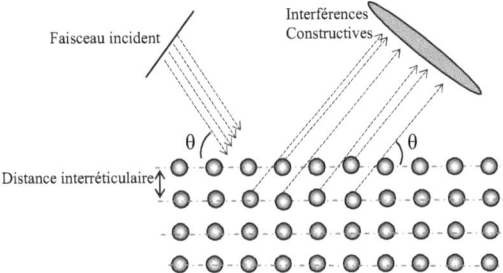

Figure 4.9. Schéma de principe de la diffraction des rayons x

La *figure 4.9* schématise le principe de la diffraction des rayons X. La longueur d'onde du faisceau doit être de l'ordre de grandeur des distances interréticulaires du matériau étudié. L'intensité diffractée est donnée par l'expression suivante :

$$I(\vec{R}) = |G(\vec{R})|^2 = |F(\vec{R}) \times L(\vec{R})|^2 \qquad (4.1)$$

Où $\vec{R}$ est le vecteur de direction dans le réseau réciproque, F le facteur de structure et L le facteur de forme.

Le facteur de forme dépend de la forme et la taille du cristal. Le calcul de ce facteur est classique en optique pour les études de diffraction-interférence, et peut s'avérer utile pour des cristaux ayant une ou plusieurs dimensions très petites (en nombre de paramètres de maille), ce qui introduit un relâchement des conditions de diffraction (l'amplitude diffractée ne s'annule pas, tout de suite, dés qu'on s'écarte des conditions de diffraction exacte). Par contre, le facteur de structure dépend du contenu diffusant dans la maille ; chaque maille peut être constituée de plusieurs atomes qui ont un pouvoir diffusant différent. En d'autres termes le facteur de structure représente la somme des pouvoirs diffusants en chaque point de la maille.

Quand la différence de marche entre les rayons incidents et les rayons diffractés par les plans d'atomes est égale à un nombre entier de fois la longueur d'onde, il y a alors interférence constructive. Soit 2θ l'angle entre la direction des rayons incidents et celle des rayons diffractés, il y a donc interférence constructive quand la loi de Bragg est satisfaite :

$$n\lambda = 2 d_{hkl} . \sin(\theta) \qquad (4.2)$$

Où d_{hkl} est la distance interréticulaire de la famille des plans (h k l), θ l'angle entre le faisceau incident des rayons X et la surface de l'échantillon, λ la longueur d'onde et n l'ordre de diffraction.

La condition de Bragg se traduit de manière plus générale par l'égalité vectorielle suivante :

$$\vec{Q} = \vec{R} = \vec{k} - \vec{k}_0 \qquad (4.3)$$

Où $\vec{k}$ et $\vec{k}_0$ sont respectivement les vecteurs d'onde des faisceaux incidents et diffractés, $\vec{Q}$ le vecteur de diffusion et $\vec{R}$ le vecteur du réseau réciproque qui s'exprime par la relation suivante :

$$\vec{R} = h\vec{a}^* + k\vec{b}^* + l\vec{c}^* \qquad (4.4)$$

Où h, k, l sont les indices de Miller et $\vec{a}^*, \vec{b}^*$ et $\vec{c}^*$ sont les vecteurs de base du réseau réciproque.

Plusieurs configurations sont possibles pour la diffraction des rayons X :

- La géométrie θ-2θ. C'est celle qui est généralement utilisée pour l'analyse des poudres. Les orientations cristallines dans une poudre étant distribuées d'une manière aléatoire, on s'attend à obtenir les diffractions de tous les plans de la phase à condition de prendre une quantité suffisante et de scanner une surface suffisamment représentative.

- La géométrie Seeman-Bohlin, utilisée pour l'analyse des films minces Pour cette géométrie, le faisceau incident est rasant et est fixé à un angle donné (entre 0.5 et 2°). En contrepartie, le détecteur parcourt une large gamme angulaire pour rechercher les plans en condition de Bragg. Dans le cas d'un échantillon polycristallin non texturé : quel que soit la direction du faisceau incident, chaque famille de plans cristallin possède statistiquement une contribution en condition de Bragg. Donc tous les pics de Bragg apparaissent sur le scan 2θ, chaque pic correspondant à une direction du vecteur de diffraction différente. L'avantage de cette géométrie est qu'elle permet d'augmenter le volume sondé au voisinage de la surface.

- La configuration utilisée pour caractériser la texturation du matériau est la suivante : Les bras sur lesquels sont disposés le tube générateur de rayons x et le détecteur sont fixés à un angle 2θ correspondant au plan réticulaire dons nous voulons détecter l'orientation. L'échantillon est quant à lui fixé sur un porte-échantillon qui possède un mouvement à deux degrés de liberté, φ et ψ correspondant respectivement à la rotation de l'échantillon sur lui même et à l'angle que fait la surface de l'échantillon par rapport au plan portant les deux bras à 2θ.

- La configuration en incidente rasante permet de déterminer l'épaisseur des couches déposées ou formées ainsi que les rugosités d'interfaces, après dépôts et après recuits. Ces informations peuvent être obtenues par réflectivité des Rayons X (RRX) pour une gamme d'épaisseurs allant de quelques nanomètres à quelques centaines de nanomètres. Lorsque l'échantillon se compose de plusieurs couches, l'analyse des courbes en RRX est complexe car elle fait intervenir de nombreux paramètres (l'épaisseur et la rugosité de chaque couche ainsi que leur indice optique). La réflectivité R est définie par le rapport entre l'intensité $I(2\theta)$ et l'intensité incidente I_0 :

$$R(2\theta) = \frac{I(2\theta)}{I_0} \qquad (4.5)$$

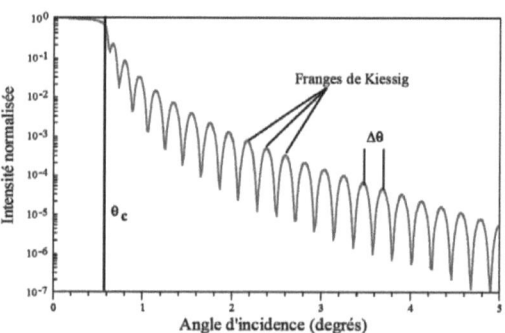

Figure 4.10. : Réflexion spéculaire théorique d'une couche de platine de 200Å d'épaisseur.

L'enregistrement présenté sur la *figure 4.10* est une courbe théorique de réflexion spéculaire sur une couche mince de platine d'épaisseur 200Å déposée sur un substrat de verre. Nous distinguons deux zones angulaires séparées par l'angle critique θ_c : au dessous de l'angle critique est observé le plateau de réflexion totale, pour lequel l'intensité décroît de façon monotone lorsque l'angle d'incidence augmente. Au-delà de l'angle critique, l'intensité oscille autour d'une valeur moyenne qui décroît rapidement avec l'angle. Ces oscillations, appelées franges de Kiessig, proviennent des interférences entre les ondes réfléchies sur les faces limites de la couche (dioptre air-couche et couche-substrat). A partir de la position des pics, on peut remonter à l'épaisseur de la couche déposée e par la relation ci-dessous. C'est une relation approximée puisque l'absorption est négligée et les angles sont considérés comme suffisamment petits :

$$e = \frac{\lambda}{\Delta(2\theta)} \quad (4.6)$$

où $\Delta(2\theta)$ est la différence angulaire entre deux pics consécutifs.

Figure 4.11 : photo du diffractomètre utilisé dans ce travail (photo sans la chambre de protection).

2.1.2. Conditions expérimentales
a. Identification des phases

En considérant qu'un film polycristallin est proche d'une poudre dans un volume suffisamment représentatif, nous avons utilisé la géométrie Bragg-Brentano pour étudier les films minces. Il est à noter que seuls les plans parallèles à la surface de l'échantillon peuvent diffracter.

L'intensité des pics de diffraction des rayons X étant proportionnelle au volume de la phase, l'intensité de chaque pic dépend de l'épaisseur formée de la couche qui lui correspond. Nous pouvons donc faire une analyse quantitative de la formation des phases et de leurs cinétiques. L'identification des phases se fait par comparaison avec des diagrammes expérimentaux répertoriés dans la base de données JCPDS ou avec des diffractogrammes simulés à partir des données cristallographiques en utilisant « **Carine cristallography** », « **PowderCell** » ou « **Fullprof** ».

Le diffractomètre utilisé dans toutes nos expériences de diffraction en géométrie θ-2θ est un diffractomètre « *Philips X'pert MPD* », où les optiques, incidente et diffractée, sont découplées. Les rayons X sont produits à l'aide d'un tube à source en cuivre. Le tube se compose d'un corps en cuivre refroidi par circulation d'eau, et d'un filament en tungstène alimenté par un courant de chauffage. Les électrons éjectés par le filament sont accélérés vers l'anode, sous une tension maximale. Le mouvement des électrons et leur interaction dans le matériau de l'anode produisent un rayonnement avec deux composantes :

- un spectre continu dont l'énergie maximale correspond à la tension appliquée,
- les raies caractéristiques du matériau de l'anode (Cu).

Un filtre de Nickel entre les fentes et la source atténue très fortement les longueurs d'onde inférieures à 1.487Å et ne laisse que deux longueurs d'onde prépondérantes $k_{\alpha 1}$ (1.5406Å) et $k_{\alpha 2}$ (1.5443Å).

D'autre part, le diffractomètre possède deux détecteurs optiques : l'un servant à la géométrie classique Bragg-Brentano (θ-2θ) et l'autre servant à la géométrie films minces (Seemen-Nohlin) optimisé pour la caractérisation des films très minces.

Le diffractomètre est équipé de quatre porte-échantillons :

- Le « spinner », permet de supporter des poudres ou des échantillons à la température ambiante. Le réglage en hauteur et la rotation de l'échantillon ne sont pas possibles.

- Une chambre pour basses température « TTK 450 » : cette chambre permet d'effectuer une analyse des échantillons lors des traitements jusqu'à 400°C sous vide on l'appelle aussi, dans l'équipe, « petite chambre ».

- Une chambre pour températures élevées « HTK 1200 » : elle permet de réaliser des analyses de diffraction lors des traitements thermiques jusqu'à 1200°C sous vide. La mesure de la température dans cette chambre appelée aussi « grande chambre » est moins sensible aux basses températures que dans la petite chambre.

- La chambre à températures intermédiaires «dite chambre ESRF » cette chambre permet de réaliser des analyses in situ jusqu'à 700°C en même temps qu'une caractérisation de résistivité (4pointes). Les mesures RX et résistivité sont donc simultanées. La gamme angulaire de cette chambre est très réduite (30-50°), au-delà de cette gamme, on ne peut plus différencier les pics de la ligne de base. Avec cette chambre, il n'est pas possible de faire des paliers. Ceci induit une différence de température entre celle du début du scan et celle de la fin de scan. Cette différence est de l'ordre de 5°C.

- Un groupe de pompage assure un vide de 10^{-6} mbar à froid.

Le spinner qui est plus facile d'utilisation que les chambres à températures a été utilisé pour la caractérisation des échantillons obtenus après traitement thermique par RTP ou dans un four classique. Les chambres en température ont été utilisées pour suivre l'évolution des différentes phases soit lors de la chauffe soit au cours d'une isotherme, dans les deux cas la caractérisation est in-situ. Des vitesses de chauffe de 5°/min ont été utilisées pour les chambres basses et hautes températures. Pour la chambre ESRF, la vitesse choisie est 3°C/min, elle a été choisie plus faible que celle utilisée avec les deux autres chambres pour réduire l'écart de températures entre le début et la fin du scan.

b. Identification de la texturation

Pour la géométrie Bragg-Brentano vue précédemment, seuls les plans parallèles à la surface diffractent, ce sont donc les seuls à être détectés. Pour les mesures de texturation, par la méthode des figures de pôles, les rotations de l'échantillon de 360° sur lui-même et par rapport au plan portant le tube et le détecteur de 90° permettent la reproduction d'une demi-sphère représentant (en choisissant le pas) toutes les perpendiculaires possibles à ce plan réticulaire contenu dans l'échantillon. Dans le cas d'une texture parfaite (aucune distribution de désorientation des directions des plans cristallins parallèles à la surface), le volume diffractant est égal au volume du cristal illuminé par le faisceau de rayons X, à condition que l'épaisseur soit plus petite que la profondeur de pénétration du faisceau dans le cristal.

2.2. Mesures de résistivité

Des mesures de résistivité par la méthode des quatre pointes ont été réalisées pour l'ensemble de nos échantillons avant et après traitement thermique. Elles permettent de connaître la résistivité des phases obtenues à hautes températures. Des mesures ont également été réalisées in-situ simultanément à la diffraction des Rayons X, elles permettent de suivre la formation des phases en températures.

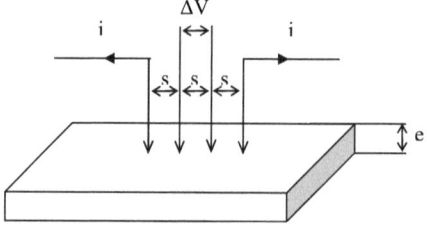

Figure 4.12. Principe de mesure de la résistivité quatre pointes (montage pointes en lignes

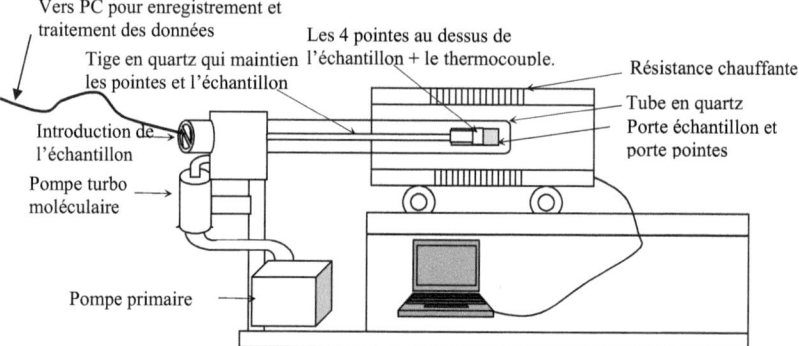

Figure 4.13. Représentation du principe de la caractérisation de la résistance 4pointes in-situ.

La mesure de résistivité quatre pointes est une mesure de résistance de surface. Le principe de la mesure est simple car il suffit d'injecter un courant i par l'intermédiaire de deux pointes et de récupérer la tension par les deux pointes. Ainsi, de la loi d'ohm V=RI, nous pouvons déterminer directement la résistance. Dans notre cas, nous mesurons la résistance surfacique (ou la résistance par carré). Cette dernière est inversement proportionnelle à l'épaisseur de la couche, comme le montre la relation :

$$R_s = k\frac{V}{I} = \frac{\rho}{e} \qquad (4.7)$$

Où R_s ($\Omega \cdot m^{-2}$) est la résistance de surface, $V(V)$ la tension mesurée, $I(A)$ l'intensité du courant injecté, k un facteur de correction, ρ ($\Omega \cdot m$) la résistivité. Après une estimation de la valeur de k, la résistance de surface peut s'écrire simplement :

$$R_s = 4.532 \frac{V}{I} = \frac{\rho}{e} \qquad (4.8)$$

Le dispositif du laboratoire utilise la configuration pointes en ligne, ce dispositif expérimental pour cette mesure est montré dans les *figures 4.13 et 4.14*.

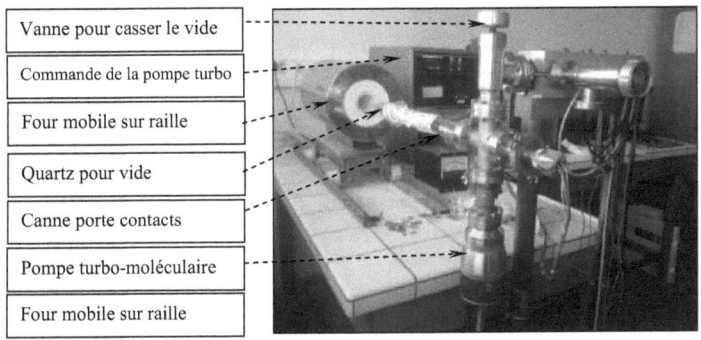

Figure 4.14 : photo du dispositif de caractérisation de résistance de surface (4-pointes).

2.3. Spectroscopie Auger

Dans cette technique, les électrons Auger émis sont collectés par des lentilles, triés selon leur énergie cinétique par un analyseur et comptés en fonction de leurs énergies. On observe sur le spectre obtenu les raies des différentes transitions Auger possibles. . Les énergies cinétiques des électrons Auger sont généralement de quelques centaines d'eV, ce qui explique une profondeur d'analyse inférieure à 2 nm. On rappelle que la profondeur d'analyse est à la fois liée au libre parcours moyen des électrons dans la matière et à leur énergie cinétique.

La spectroscopie d'électrons Auger (AES) permet d'obtenir la composition chimique d'une surface d'un matériau sur une profondeur de 1 à 2 nm. Même si les éléments sont détectables à cette profondeur, la quasi-totalité du signal provient des quelques premières couches atomiques en surface (deux à trois couches atomiques). Tous les éléments sauf l'hydrogène sont détectables. Cette technique permet de déterminer les pourcentages atomiques et d'obtenir une information partielle sur les états chimiques des espèces présentes en surface. Cette technique d'analyse est non destructive.

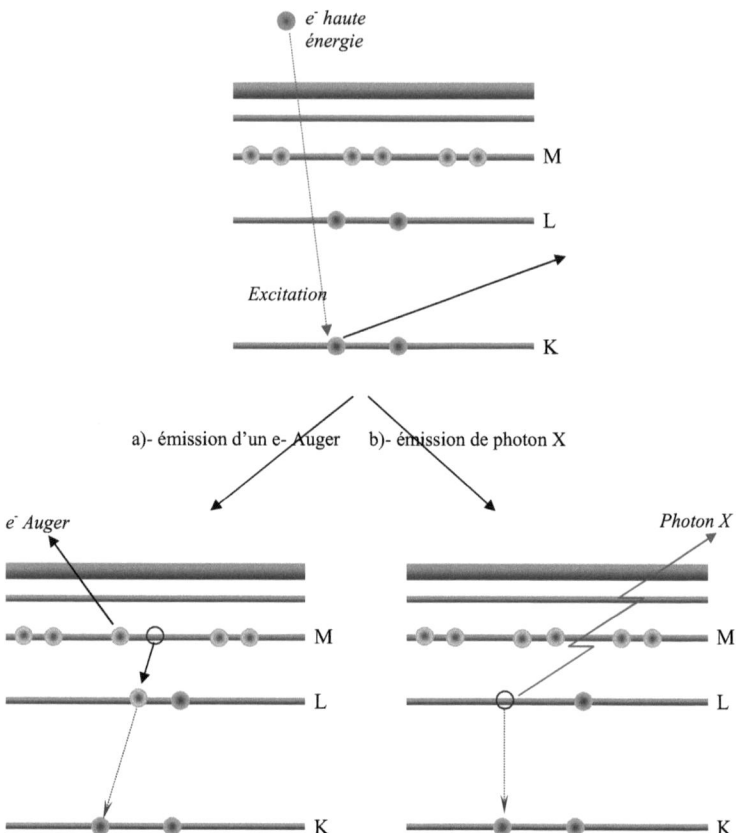

Figure4.14 : excitation d'un atome par un électron à haute énergie, avec deux cas d'émission. a)- émission d'un électron Auger, b)- émission d'un photon X.

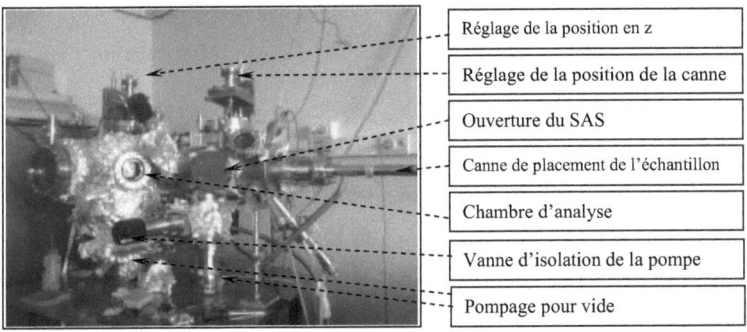

Figure 4.15 : Bâtit de caractérisation Auger

2.4. Microscopie à Force Atomique AFM

a. Principe

La microscopie à Force Atomique nous a permis de connaître les rugosités de surfaces des échantillons avant et après traitement.

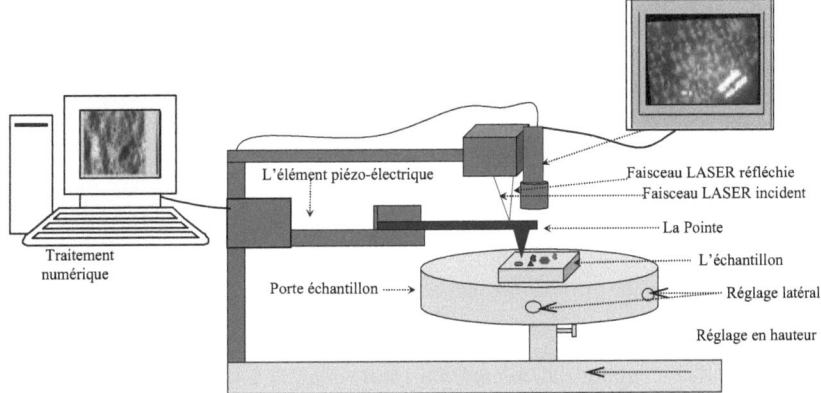

Figure 4.16 : schéma du principe de fonctionnement d'un AFM

L'AFM que nous avons utilisé dans la caractérisation de nos échantillons possède trois modes de fonctionnement, mode non-contact (ou semi-contact), mode contact et mode kelvin probe. Dans les trois modes de fonctionnement, la caractérisation se fait on utilisant l'interaction entre la surface de l'échantillon et la pointe agit sur le mouvement de vibration de cette dernière (mode non contact), sur le passage ou pas d'un courant électrique (mode non-contact), ou bien les deux (mode kelvin probe).

b. Mode non-contact

Une pointe vibre à une fréquence proche de sa fréquence de résonance, à l'approche d'un matériau de cette pointe, il y a interaction entre les atomes du bout de la pointe et l'autre matériau, et ceci change la fréquence de vibration de cette pointe. Lorsqu'on lance l'approche de celle-ci, on donne une consigne de distance à respecter entre la pointe et l'échantillon. Le rôle de la contre réaction est de respecter cette fréquence en maintenant la distance entre la pointe et la surface à scanner. En gardant la distance constante la pointe suit la topographie de surface et ceci est enregistré via un laser préréglé. Cette topographie est donnée en trois dimensions donc le niveau de grille représente l'axe z.

Pour analyser la surface d'un échantillon en mode non contact, le cantilever vibre à une certaine fréquence, proche de sa fréquence de résonance, lorsque le cantilever s'approche suffisamment de la surface, le rôle de la contre-réaction est d'ajuster la distance pointe-échantillon afin de maintenir constante la valeur de fréquence de la fréquence de résonance.

c. Mode Contact (ou analyse électrique)

En mode contact, la pointe balaie la surface de l'échantillon avec une déflexion définie du cantilever. Afin de garder cette déflexion constante, la position en Z du cantilever est modifiée, ce qui permet d'en déduire la topographie

De plus, en appliquant une tension (bias voltage) à la pointe, des mesures de courant de l'échantillon sont réalisées. Pour une tension donnée, l'intensité du courant mesuré est proportionnelle à la résistance locale de l'échantillon. Cette méthode est appelée SRI, pour son nom en anglais «Spreading Resistance Imaging», et permet notamment d'obtenir la géométrie réelle des sources et drains.

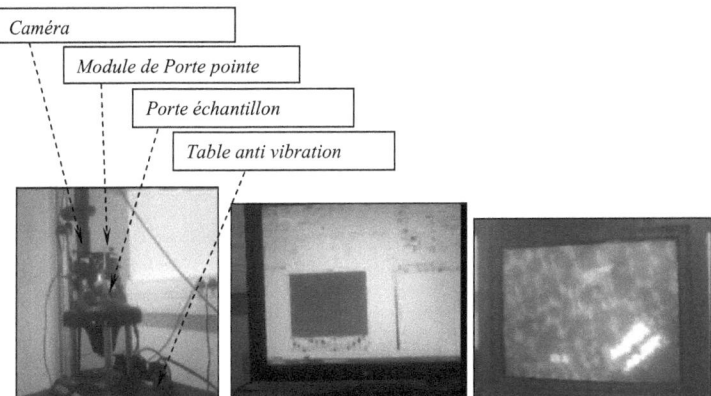

Figure 4.17 : Dispositif de caractérisation par AFM. a- microscope à Force Atomique, b- ordinateur de commande du microscope et d'acquisition d'images, c- écran de visualisation d'image macroscopique obtenues par caméra.

Chapitre V

Résultats expérimentaux et discussion

Partie A: Traitements à basses et moyennes températures
1. Caractérisation de la couche déposée
1.1. Mesure de l'épaisseur de la couche déposée (réflectivité)

Les dépôts que nous avons réalisés ont été effectués soit par pulvérisation cathodique soit par évaporation. Un étalonnage préalable aux dépôts a été réalisé pour déterminer l'épaisseur des films. Il a été effectué par réflectivité des Rayons X en incidence rasante et a permis d'établir les relations existant entre la puissance de dépôt, le temps de dépôt et l'épaisseur du dépôt pour la pulvérisation cathodique, et entre le courant du filament, le temps de dépôt et l'épaisseur du dépôt pour les dépôts par évaporation.

Pour cela nous avons procédé au dépôt de différentes couches de manganèse sur un substrat de silicium (100) sans éliminer l'oxyde natif, ceci permet d'obtenir une meilleure interface sous la couche déposée et donne des courbes de réflectivité plus faciles à interpréter. Un autre moyen pour faciliter l'interprétation est de réaliser le dépôt sous faible puissance pour minimiser la pénétration du manganèse dans le substrat de silicium, et garder l'interface plane.

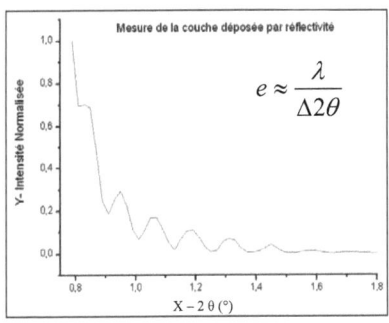

$$e \approx \frac{\lambda}{\Delta 2\theta}$$

Figure 5.1. Courbes de réflectivité obtenues après un dépôt de 75 nm de Mn sur Si (100).

L'épaisseur du film 'e' est calculée à partir des ondulations de la courbe (cf. Figure 5.1), en utilisant la formule indiquée sur la figure. La longueur d'onde λ (en Å) est celle des rayons X, Δ2θ correspond à l'écart angulaire (en radian) d'une période.

1.2. Caractérisation du dépôt par DRX

Lors des dépôts, la température du substrat reste faible ce qui permet de penser qu'il n'y aura alors aucune réaction entre le substrat de silicium et le manganèse déposé. Ceci est vérifié par les diffractogrammes obtenus sur les échantillons après dépôts. Comme le montre la figure 5.2, seuls les pics du manganèse apparaissent, ils correspondent aux plans de diffraction (3 3 0) et (3 3 2). Nous pouvons cependant noter que les cristallites doivent être très petites car les pics de diffraction sont larges et de faible intensité.

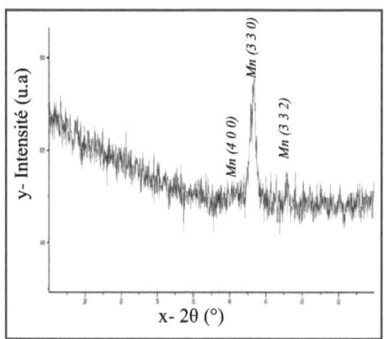

Figure 5.2. Diffractogramme enregistré à température ambiante pour un échantillon après dépôt de Manganèse par évaporation.

Dans la plupart des expériences, les enregistrements des diffractogrammes ont été effectués en utilisant un angle d'inclinaison de l'échantillon par rapport à l'horizontale que nous appellerons « offset » dans la suite du texte. L'objectif est d'éviter l'apparition des pics du silicium du substrat qui, du fait de leur grande intensité écraseraient tous les autres pics.

2. Réactions aux basses températures (T < 450 °C)
2.1. Caractérisation in situ
2.1.1. Diffraction des Rayons X

Les séquences de formation des phases lors de la réaction entre le film de manganèse et le substrat de silicium ont été étudiées de deux manières différentes. La première consiste à chauffer l'échantillon à vitesse constante et à faire des enregistrements de diffractogrammes lors de la chauffe ; la seconde consiste à enregistrer une suite de diffractogrammes lors de recuits isothermes (dans la moyenne et petite chambre respectivement, voir § 4.2.1.3) pour une différence entre deux paliers de température de 5°.

Les enregistrements obtenus sont présentés dans les *figures 5.3.a* et *5.4.a*. Sur ces figures, l'axe des abscisses donne l'angle de diffraction 2θ et en ordonnées le numéro du scan (ou la température) alors que l'intensité des pics de diffraction est donnée par des courbes de niveau de couleur, la plus forte intensité du pic est donnée par la couleur rouge alors que le bleu représente la plus faible intensité.

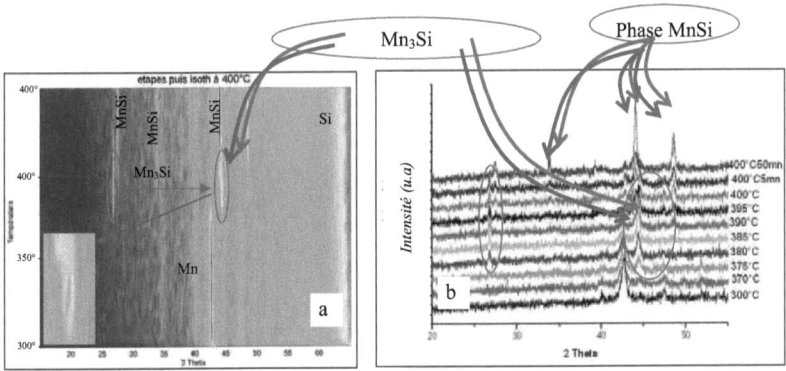

Figure 5.3. Diffractogrammes RX in situ lors d'un recuit par étapes (de 300 à 400°C par pas de 5°C) suivi par une isotherme à 400°C.

Notons que pour la petite chambre, le dépôt a été réalisé par évaporation alors que pour la chambre ESRF le dépôt est réalisé par pulvérisation cathodique. Dans les deux cas la première phase formée correspond à Mn_3Si. Elle apparait au voisinage de

380°C et présente un domaine de stabilité très réduit, elle disparait très rapidement tandis que MnSi se forme.

La figure 5.3.b. présente quelques diffractogrammes (représentatifs) obtenus dans la même expérience en deux dimensions avec des indications sur la température d'enregistrement de chaque scan pour des angles 2θ compris entre 20 et 55°.

Dans la figure 5.4.b. nous avons représenté des aires normalisées des principaux pics en fonction du numéro du scan (qui lui-même est fonction de la température et du temps). L'évolution de ces aires normalisées des pics avec la température fait apparaitre la réaction entre le manganèse et le silicium pour former Mn_3Si au voisinage de 370°C. Cette phase disparait ensuite vers 400°C pour former MnSi. On peut constater que la formation de MnSi se produit même au delà de la disparition de Mn_3Si. On peut donc supposer que MnSi est formé à partir du silicium et du manganèse restant.

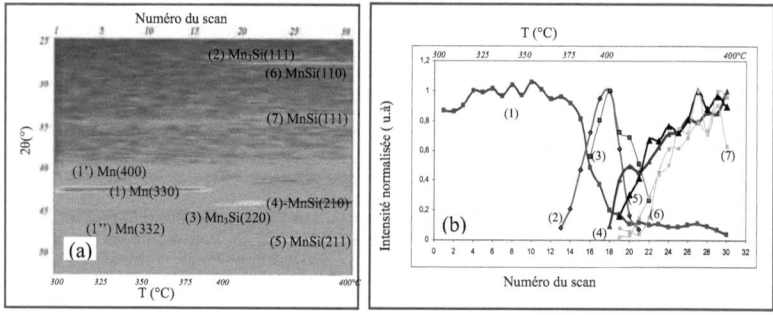

Figure 5.4. Diffractogrammes RX enregistrés lors d'un recuit par étapes. La vitesse de chauffe est 5°/min et les diffractogrammes ont été enregistrés tous les 5°. (a)- vue planaire des diagrammes de diffraction, (b)- Evolution des aires normalisées des pics de diffraction correspondant à chaque phase en fonction de la température.

2.1.2. Mesure de résistances de surface in situ

L'évolution de la résistance de surface en fonction de la température est présentée sur la figure 5.5. Chaque changement de pente de la courbe peut être attribué à la formation ou à la disparition d'une phase. Cette courbe peut alors être divisée en trois parties. Dans la partie (I), la résistance diminue faiblement avec la température, à partir de 390°C, une courbure apparaît et la diminution devient plus importante jusqu'à environ 410°C puis augmente jusqu'à 420°C. A partir de 420 °C, la résistance augmente avec la température.

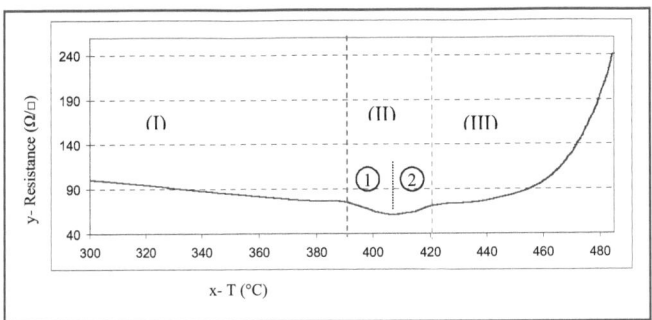

Figure 5.5. Evolution de la résistance de surface d'un film Mn/Si en fonction de la température.

2.2. Caractérisations ex situ
2.2.1. Caractérisation de la surface

Nous avons réalisé des caractérisations ex situ pour déterminer l'état de la surface de l'échantillon avant et après recuit. Les techniques utilisées ont été la microscopie à force atomique AFM en mode non contact et la microscopie electronique à balayage, MEB.

Notons que pour la couche de manganèse déposée sur silicium il nous a été difficile de mesurer la rugosité de surface par AFM, ceci est dû au fait que les surfaces des dépôts sont très peu rugueuses et que le signal est alors noyé dans le bruit de fond.

Après recuit à 400 °C pendant 1h 30mn, la surface présente une rugosité importante. En effet la microscopie électronique à balayage et la microscopie à force atomique montrent des cristallites en surface d'environ 10 nm de diamètre qui se regroupent pour former des îlots de quelques microns. La taille de ces îlots est donnée par la couleur dans l'image obtenue par AFM, elle est de l'ordre de 10 à 15 nm.

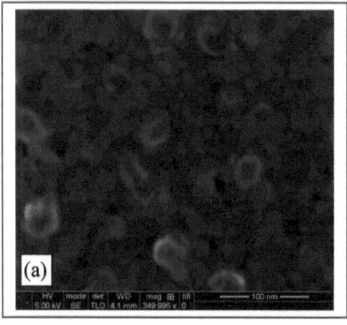 

Figure 5.6. Caractérisations par MEB et par AFM de la surface d'un échantillon recuit à 400°C pendant 1h30 mn. (a)- image MEB de 350x350 nm². (b)- image AFM 4.3x4.3µm².

2.2.2. Caractérisation par MEB d'une coupe transversale

Pour visualiser l'état des couches obtenues après traitement thermique et les interfaces présentes nous avons réalisé des coupes transversales de nos échantillons. La coupe a été réalisée grâce à un FIB (Focused Ion Beam) après dépôt d'une couche de platine de quelques nanomètres d'épaisseur sur une surface d'environ 5µm² (ceci permet de protéger la surface de l'échantillon de l'amorphisation qui pourrait se produire lors du bombardement par les ions d'argon). Les images MEB obtenues sur un échantillon (e_{Mn}= 120 nm) recuit à 400 °C pendant 1h30 heures sont présentées sur la *figure 5.7. a* et *b*.

Dans cette figure il apparaît deux couches de contrastes différents empilées au dessus du substrat de silicium. En se basant sur les résultats de la diffraction des rayons X au voisinage de 400 °C, nous pouvons supposer que la première couche située au dessus du silicium correspond à MnSi tandis que la deuxième correspond à Mn. Les pores apparaissant entre les deux couches supportent cette hypothèse.

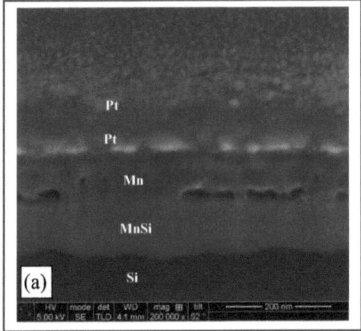 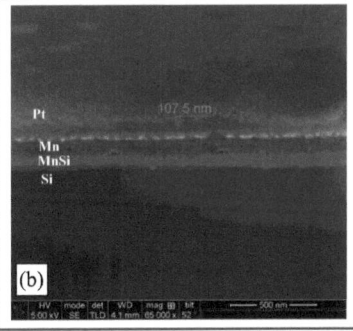

Figure 5.7. Micrographie MEB en coupe transversale après recuit à 400°C pendant 1h30 d'un dépôt de 120nm de manganèse sur Si(100), (a)-image 500x500 nm², (b)- 1.5x1.5 µm².

2.2.3. Caractérisation par DRX ex situ

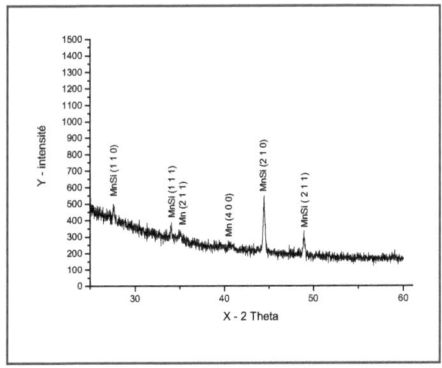

Figure 5.8. Diffraction des rayons X, pour l'échantillon de la figure 5.7.

La diffraction des rayons X réalisée sur l'échantillon après recuit (en mode spinner), avec un temps de scan plus important montre la présence de deux phases : MnSi et du Mn résiduel.

2.2.4. Caractérisation par AES (Auger)

La caractérisation Auger permet d'analyser la surface de l'échantillon. Les spectres obtenus par spectroscopie d'électrons Auger pour la surface de l'échantillon avant décapage montre la présence du manganèse, du carbone et de l'oxygène. La présence de ces deux derniers éléments en surface est en général inévitable si l'échantillon n'est pas élaboré et gardé dans un vide poussé. Après décapage de la surface seul le manganèse est présent (voir courbes 5 à 7 de la *figure 5.9*).

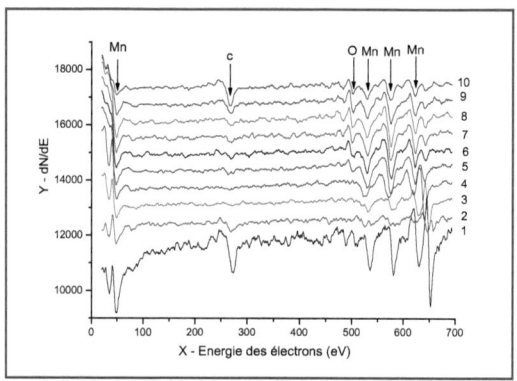

Figure 5.9. Analyse par spectroscopie d'électrons Auger d'un échantillon recuit à 400°C, les conditions de chaque spectre sont données dans le tableau suivant.

Tableau 5.2. Conditions d'obtention des spectres Auger présentés sur la figure 5.11.

acquisition	conditions	T d'acquisition (°C)
(1)	Avant décapage	120
(2)	Avant décapage sur un point sombre (dark spot)	120
(3)	Après décapage à 4.2KeV, P=6.10^{-8} torr, 30min	120
(4)	Aucun changement après (3)	150
(5)	//	175
(6)	//	185
(7)	//	195
(8)	//	205
(9)	Après un petit décapage à 420°C	275
(10)	Aucun changement	225

En portant l'échantillon à des températures plus élevées (T > 175 °C) on remarque l'apparition du carbone et de l'oxygène en quantités importantes. La présence de ces deux éléments dans le film est due au fait que le dépôt a été réalisé sous flux d'argon à une pression de 3.10^{-3} mbar. Ces éléments piégés lors du dépôt diffusent lors de la chauffe jusqu'à la surface de l'échantillon et sont alors repérés par AES. On peut noter une quantité de carbone très importante en surface à la température de 275 °C.

La révélation de la présence de manganèse en surface, par l'analyse Auger, pour ces échantillons est parfaitement en accord avec les résultats précédents de DRX et de MEB.

2.3. Discutions des résultats des traitements à basses températures
2.3.1. Séquence de formation

La cinétique de formation des siliciures de métaux presque nobles (Ni, Co, Cu, …) diffère fortement de celle des siliciures de métaux réfractaires. En effet, alors que la réaction des métaux presque nobles avec le silicium se passe à des températures assez faibles pour donner des siliciures riches en silicium (200 °C pour la réaction du Ni pour donner le $NiSi_2$ par exemple), les métaux réfractaires ne réagissent avec le silicium qu'à des températures beaucoup plus élevées (aux environs de 600 °C pour le vanadium par exemple). En comparaison à ces siliciures, le manganèse réagit à une température intermédiaire. Les *figures 5.3 et 5.4* montrent que ce n'est qu'à 380 °C que le pic correspondant au plan (330) du manganèse diminue, c'est-à-dire qu'à partir de cette température le manganèse commence à diffuser dans le silicium, et nous observons deux pics d'une même phase qui apparaissent, ces deux pics peuvent être attribués soit à la phase $Mn_{81.5}Si_{18.5}$, ou bien à la phase Mn_3Si. nous n'avons pas les moyens de vérifier, mais le Mn_3Si est reporté par plusieurs auteurs [Zhang'91] à la même température et à notre sens la plus probable vu la position du pic le plus intense donné par les fichiers JCPDS qu'on retrouve aussi comme le plus intense dans notre diffractogramme. Cette phase apparaît à une température proche de 380 °C. En augmentant la température jusqu'à 400 °C, et après une isotherme de quelques minutes à cette température, le MnSi apparaît et croit en consommant le Mn_3Si.

Dans la majorité des siliciures en films minces, après la germination de la première phase, c'est la croissance latérale de celle-ci qui donne naissance à un seul film (une seule phase dans le film) le long de l'interface. Pour une température donnée l'épaisseur de ce dernier croît en consommant presque tout le métal avant qu'une seconde phase n'apparaisse.

Dans les expériences que nous avons réalisées pour étudier le système Mn/Si nous avons donc pu mettre en évidence la première phase qui se forme dans ce système par diffraction des rayons X in situ. Cette phase a été rapportée par Zhang [zhang'91] en utilisant des caractérisations ex-situ de ces échantillons en TEM, mais le doute persistait sur la première phase à se former dans le système Mn/Si.

Nombre d'auteurs ont rapportés la présence conjointe de plusieurs phases de siliciures après un recuit à une température relativement basse (380-400 °C) d'un film de manganèse déposé sur substrat de silicium, Zhang rapporte la présence de trois phases différentes (Mn_3Si, Mn_5Si_3 et MnSi), en plus du manganèse, pour un traitement à 380°C pendant 2h. A 430°C il retrouve les mêmes phases pour 10 minutes et 30 minutes de recuit, mais seul le MnSi est détecté après une isotherme de 60 minutes [zhang'91]. Dans son analyse il montre que le Mn_3Si apparaît en premier, qu'il se forme ensuite le MnSi et enfin le Mn_5Si_3.

Nous avons, pour notre part, obtenu la phase Mn_3Si, puis la phase MnSi apparaît et croît en consommant le Mn_3Si suivant la réaction (5) présentée dans le tableau 5.3.

Les énergies libres mises en jeu lors des réactions de passage d'une phase à une autre de ces trois phases sont données toujours dans le tableau 5.3 [zhang'91]. Dans ce tableau nous voyons bien qu'entre les éléments Mn et Si l'obtention de Mn_3Si est la plus probable thermodynamiquement ($\Delta G^0 = -151.7\ kJ/mol\text{-}1$), donc si la cinétique le permet cette réaction est la plus favorisée, ce qui est le cas puisque c'est le manganèse qui est l'élément le plus mobile, c'est-à-dire que dans la zone de réaction le manganèse peut se retrouver comme élément majoritaire et le Mn_3Si peut alors se former.

D'après le même tableau (*tableau 5.3*) nous pouvons aussi voir qu'après la formation du Mn_3Si la réaction la plus probable thermodynamiquement est la réaction (5), cette séquence de formation est en cohérence avec ce que nous avons obtenu et présenté dans les *figures 5.3 et 5.4*. Nous pouvons aussi appuyer notre raisonnement avec la mesure de résistance de surface in situ. En effet en se basant sur les résultats de la résistance de surface, on peut interpréter la courbe de la *figure 5.5*, on peut alors supposer que la partie (III) dans cette figure correspond à l'évolution de la résistance de la phase MnSi. Ce comportement est un comportement métallique. Pour la partie (I), la décroissance de la résistance avec la température pourrait être liée à une faible cristallinité de la couche de manganèse au début du recuit, le film se cristallisant lors de la chauffe, sa résistance alors diminue. La partie (II) pourrait correspondre à l'apparition (1) et à la disparition (2) de la phase Mn_3Si.

D'après le tableau précèdent nous pouvons remarquer que la réaction la plus probable thermodynamiquement est la réaction (5), cette réaction est en cohérence avec ce que nous avons obtenu et que nous avons présenté dans la *figure 5.4*. Il n'est donc pas étonnant qu'on retrouve la phase MnSi qui croit en consommant le Mn_3Si du coté du substrat de silicium et qu'on retrouve toujours du manganèse en surface. Le manganèse n'est, dans ce cas, pas consommé par la transformation de Mn_3Si en MnSi; le manganèse est détecté par Auger mais la couche restante n'est pas assez épaisse pour être détectée par la DRX.

Tableau 5.3: Les réactions possibles entre les phases détectées aux basses températures. [Zhang'91]

	Equation de la réaction	Enthalpie libre standard de réaction ΔG^0(kJ mol^{-1})
(1)	$3Mn+Si= Mn_3Si$	-130.5
(2)	$Mn+Si=MnSi$	-94.1
(3)	$(5/3)Mn+Si=(1/3)Mn_5Si_3$	-81.8
(4)	$Mn_3Si+(4/5)Si=(3/5)Mn_5Si_3$	-16.8
(5)	$Mn_3Si+2Si=3MnSi$	-151.7
(6)	$(3/5)Mn_5Si_3+(6/5)Si=3MnSi$	-134.8
(7)	$Mn_3Si=2Mn+MnSi$	+36.4
(8)	$Mn_3Si=(1/3)Mn_5Si_3+(1/3)Mn$	+47.5
(9)	$Mn_3Si+2MnSi=Mn_5Si_3$	+73.1
(10)	$Mn_3Si+1/2Si=(1/2)Mn_5Si_3+(1/2)Mn$	+7.7

Contrairement à Zhang [Zhang'91], Eizenberg et Tu [Eizemberg'82] ont rapportés, dans leurs études du système Mn/Si en film mince, qu'une seule phase, le MnSi, est formée durant un recuit entre 400 et 500 °C. La phase $MnSi_{1.73}$ apparaît à une température supérieure à 500 °C. Pourtant dans leurs diffractogrammes on peut voir deux pics qu'ils ont dit pouvoir attribuer à la phase Mn_5Si_3, mais la faible intensité de ces pics les a emmenés à ne pas mentionner cette phase en conclusion de leurs travaux.

On peut aussi remarquer que dans l'interprétation de leurs résultats (voir chapitre 3) Zhang et Eizenberg n'ont pas pris en considération l'épaisseur des couches déposées.

Il est aussi probable (puisque ce sont des caractérisations faites ex situ) que la phase Mn_3Si qui apparaît en premier, ne soit pas détectée car elle est très vite consommée pour former le MnSi qui est reporté par plusieurs auteurs comme première phase de ce système [Eizenberg'82, Knaepen'08].

A partir des résultats obtenus dans ce travail et de ceux de Zhang et d'Eizenberg, nous pouvons dire qu'à la température de 375 °C la première phase du système Mn/Si qui apparaît en film mince dans un traitement en rampe de température ou en isotherme est toujours la phase Mn_3Si. La phase MnSi, qui croit en consommant cette première phase, possède une épaisseur critique au-delà de laquelle elle accepte l'existence d'une phase conjointe, elle peut même contribuer à la formation de cette phase (c'est le cas pour la formation du Mn_5Si_3 en consommant du MnSi et du Mn_3Si) ; si cette épaisseur critique n'est pas atteinte, la phase MnSi reste stable et unique jusqu'à la température de formation du premier HMS.

D'un autre coté, en comparant nos résultats à ceux de Zhang et d'Eizenberg et Tu, nous pouvons conclure que la condition d'apparition du Mn_5Si_3 est liée à la présence du Mn_3Si au moment où la phase MnSi atteint son épaisseur critique. Si le MnSi atteint son épaisseur critique avant de consommer toute la phase Mn_3Si, une croissance simultanée des deux phases est alors possible, et la phase Mn_5Si_3 peut se former et croître à l'interface $MnSi/Mn_3Si$. Ceci est beaucoup plus probable lorsque le recuit se fait en isotherme à la température de formation du Mn_3Si, alors que si la température augmente la formation du MnSi est plus favorisée et cette dernière apparaît alors pour une faible épaisseur de Mn_3Si, ce qui facilite sa consommation totale par le MnSi, dans ce cas la phase Mn_5Si_3 ne pourra pas apparaître.

2.3.2. Les phases obtenues à 400 °C

A partir des diffractogrammes de la *figure 5.8* qui détectent la présence de deux phases (le manganèse et le MnSi), les spectres de spectroscopie Auger de la *figure 5.9* qui montrent la présence du manganèse en surface et l'image MEB en coupe transverse de la *figure 5.7*, nous pouvons conclure que les deux couches empilées du haut vers le bas sont respectivement le manganèse et le MnSi.

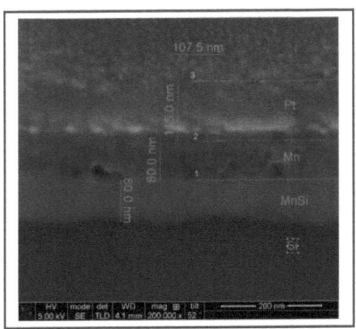

Figure 5.10. Présence de la phase MnSi à 400°C et dimensions des couches.

La *figure 5.7* nous montre aussi l'homogénéité de la couche de MnSi, définie au paragraphe précèdent. Ceci est dû au fait que dans le système Mn/Si, le manganèse est l'espèce majoritairement diffusante. Ce dernier diffuse donc dans le silicium monocristallin et le film perd de son épaisseur, il y a donc du coté de la couche de manganèse les impuretés et les défauts (les taches sombres qui apparaissent à l'interface du coté du manganèse à la *figure 5.7*), il est donc évident que la densité des défauts dans le film de manganèse augmente et il devient ainsi de plus en plus rugueux et poreux et des défauts de taille nanométrique s'accumulent aussi à l'interface Mn/MnSi du coté du manganèse, ces défauts sont visibles sur la *figure.5.7* et *5.10*.

On peut aussi voir les dimensions des couches de MnSi et de Mn après recuit d'un échantillon de Mn (120nm)/Si(100) pendant1h40min. Nous remarquons que seul un tiers du manganèse est consommé, et le volume de MnSi obtenu est deux fois celui de manganèse consommé.

Le calcul du rapport des volumes entre le MnSi obtenu et le Mn consommé donne 1,93. En supposant la surface du Mn conservée lors de la formation du MnSi (même surface pour les deux phases), ce rapport devient le rapport des épaisseurs des couches de MnSi et celle du manganèse, c'est-à-dire la consommation de 40nm de manganèse donnera 77,3 nm de MnSi. La figure 5.11 montre qu'il y a bien une formation d'environ 80nm de MnSi pour une consommation d'environ 40nm de manganèse.

2.3.3. *Résumé de la formation des phases aux basses températures dans le système Mn/si en films minces*

A partir de l'ensemble de nos résultats et des données de la littérature, nous pouvons proposer, concernant la formation des phases à basses températures dans le système Mn/Si en couches minces, les points suivants:
- L'espèce majoritairement diffusante dans le système Mn/Si est le manganèse.
- La première phase se forme à l'interface Mn/Si à 380°C, elle correspond à Mn_3Si.
- Dans la phase Mn_3Si c'est le manganèse qui est l'espèce la plus mobile, donc c'est lui qui diffuse à travers cette phase et la réaction continue alors à l'interface Mn_3Si/Si.
- une fois que l'épaisseur de la phase Mn_3Si devient importante le taux de diffusion de Mn dans Mn_3Si ne suit plus la réaction, il se produit alors une autre réaction moins gourmande en Manganèse à l'interface Mn_3Si/Si, la réaction produit du MnSi en consommant le Mn_3Si formé dans cette région et le silicium se trouvant à l'interface.
- Le Silicium diffuse ensuite dans le MnSi et la zone de réaction devient alors l'interface $Mn_3Si/MnSi$.

- Par raisonnement Thermodynamique, la réaction donnant le MnSi à partir de $Mn_3Si+2Si$ est plus favorable (ΔG^0 = -151,7 kJ.mol^{-1}) que celle qui donne le Mn_3Si (ΔG^0 = -130,5 kJ.mol^{-1}) à partir de la réaction 3Mn + Si, donc si la cinétique le permet, c'est-à-dire que s'il y a suffisamment de Si qui arrive à la zone de réaction, c'est alors la réaction donnant le MnSi qui est la plus favorisée.
- Si l'épaisseur de la couche de la phase MnSi formée devient trop importante, alors le flux de silicium qui traverse cette couche vers la zone de réaction diminue d'une manière significative, il y'aura alors un manque de silicium qui arrive dans cette zone de réaction, et dans ce cas deux autres réactions thermodynamiquement possibles et moins gourmandes en silicium peuvent se produire: La formation de Mn_3Si à partir de Mn et Si (-130,5 kJ.mol^{-1}) puisque l'épaisseur du Mn_3Si a diminué, et la formation du Mn_5Si_3 en consommant la phase Mn_3Si et Si (-16,8 kJ.mol^{-1}).
- Si une certaine épaisseur (qu'on peut appeler épaisseur critique) est atteinte alors le Mn_5Si_3 se forme d'abord entre les deux couches de Mn_3Si et MnSi suivant la réaction (5) du tableau 5.3, et ainsi on sera en présence de deux interfaces (Mn_3Si/Mn_5Si_3 et $Mn_5Si_3/MnSi$) dans lesquelles on retrouve deux zones de réaction.

Dans la zone de réaction à l'interface $Mn_5Si_3/MnSi$, le Mn_5Si_3 se transforme en MnSi en consommant du Si suivant la réaction (7) du tableau 5.3.

Le Silicium qui arrive à la zone de réaction de l'interface Mn_3Si/Mn_5Si_3 étant rare (puisqu'il doit traverser la couche de MnSi, l'interface $MnSi/Mn_5Si_3$ où une bonne partie est consommée et la couche de Mn_5Si_3), c'est la phase qui consomme moins de silicium qui est cinétiquement plus probable, donc c'est le Mn_5Si_3 qui se forme en consommant du Mn_3Si (si elle existe toujours) suivant la réaction (5) du même tableau.

La formation de Mn_3Si est très réduite puisque la majeure partie du silicium qui diffuse dans les couches MnSi et Mn_5Si_3 est consommée pour former du MnSi et du Mn_5Si_3 et si elle se forme suivant la réaction (1) du tableau, elle est vite consommée par le Mn_5Si_3 suivant la réaction (5).

- Si cette épaisseur critique n'est pas atteinte avant la consommation totale de la phase Mn_3Si, alors la phase MnSi continue de croître en consommant du silicium et du manganèse suivant la réaction (2) du tableau 5.3 jusqu'à consommer tout le film de manganèse initialement déposé.
- A la température 400°C, cette phase reste alors stable et se retrouve seule dans le film au dessus du substrat de silicium.

Dans notre étude nous n'avons pas obtenu de Mn_5Si_3 dans les épaisseurs de film de manganèse déposé pour les expériences in situ. Sachant que ces épaisseurs étaient de 50 à 120nm, on pourra alors dire que cette épaisseur critique de la couche de MnSi sera obtenue pour des épaisseurs de manganèse plus importantes que 120 nm (pour les conditions de traitement que nous avons utilisées).

3. Réactions aux températures moyennes et apparition des HMS
3.1. Séquence de formation des phases - caractérisation DRX in situ

Pour les températures moyennes (jusqu'à 650°C) nous avons utilisé la chambre ESRF dans laquelle, les enregistrements son faits au cours de la chauffe. La vitesse de chauffe est 5°/min. Aussi pour éviter des différences de températures importantes entre le début et la fin d'un scan, nous avons réduit l'étendue du domaine angulaire exploré. Les résultats obtenus, jusqu'à la température de 400°C sont en accord avec ceux reportés dans §2.1.1 et correspondant aux enregistrements réalisés dans la chambre basses températures. La différence observée dans les températures est liée aux différences de conditions de chauffe précédemment mentionnées.

Pour des températures supérieures à 400°C, nous avons obtenu à partir de cette chambre des informations supplémentaires concernant la disparition de MnSi et l'apparition de la première phase HMS dans ce système. Nous pouvons constater sur la courbe d'évolution de l'aire normalisée des pics en fonction de la température, la diminution de l'intensité des pics de MnSi au voisinage de 580°C tandis qu'apparaît une nouvelle phase correspondant à un HMS. Au-delà de 610°C, seule la phase HMS est présente.

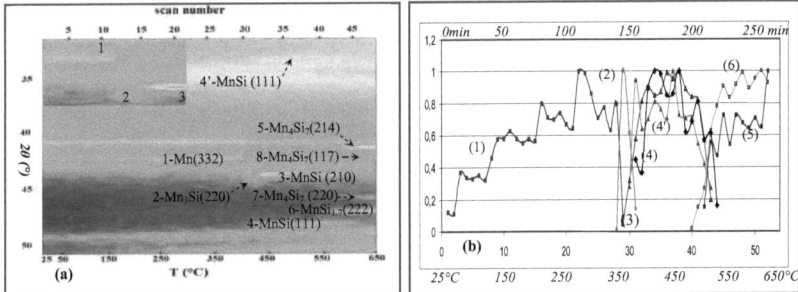

Figure 5.11. (a) Diffractogrammes X in situ (b) Evolution des aires normalisées des pics avec la température

Les différents HMS ayant des structures cristallines voisines les unes des autres, il est difficile de les distinguer à partir de leurs diffractogrammes. Nous pouvons cependant, en se basant sur les données des fichiers JCPDS et celles du « Pearson's crystal data », proposer la phase Mn_4Si_7 pour le HMS formé dans les conditions expérimentales que nous avons utilisées. Le pic (5) dans la *figure 5.11* correspond au plan (214) du Mn_4Si_7 et le pic (6) de la même figure correspond au plan (222) de la même phase.

3.2. Caractérisation DRX ex situ après différents traitements thermiques

3.2.1. Effet de l'épaisseur sur la température de formation des phases

Après l'étude des séquences de formation des phases jusqu'à la température de 650°C, nous avons réalisé des recuits isothermes longs (23h), à différentes températures dans un four classique. Des échantillons, obtenus par pulvérisation, ont été portés à des températures de 445°C, 580°C et 780°C. Des dépôts de différentes épaisseurs de Mn ont été étudiés : 60 nm et 120 nm. La figure 5.6 montre les diffractogrammes obtenus pour ces différentes épaisseurs aux différentes températures de traitement.

Dans cette figure nous pouvons remarquer, à partir des diffractogrammes (a) et (b), que pour des dépôts de couche de Manganèse d'épaisseur 60 et 120 nm recuits à la même température de 445 °C, les résultats obtenus sont différents. C'est ainsi que nous obtenons la phase MnSi dans les échantillons de 60 nm de Mn, alors que pour celui de 120nm nous obtenons des pics correspondant au Mn_4Si_7.

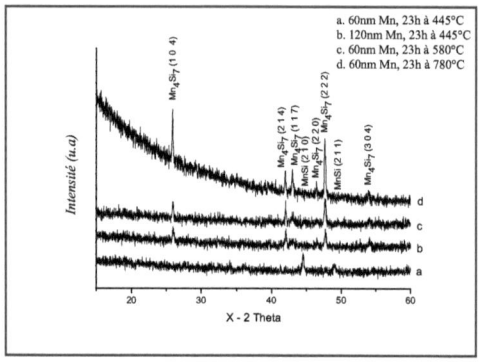

Figure 5.12. Diffractogrammes X obtenus sur des dépôts de Mn de différentes épaisseurs après recuits à différentes températures.

Ces résultats sont en accord avec ceux obtenus dans la caractérisation DRX in-situ. En effet les échantillons étudiés alors correspondaient à des dépôts de Manganèse d'épaisseur 60nm et la phase Mn_4Si_7 n'est obtenue qu'à partir de 580 °C.

Il semble donc que quand l'épaisseur augmente, la température de formation de Mn_4Si_7 diminue. Les résultats présentés à la même figure montrent également que pour une épaisseur de 60nm, Mn_4Si_7 est toujours présent après 23 heures de recuit à 780 °C.

Nous pouvons aussi remarquer les intensités des pics pour les courbes (c) et (d), dans le film recuit à 780 °C les pics sont plus intenses que pour celui recuit à 580°C. Ceci peut être expliqué soit par la texturation du Mn_4Si_7 soit par une augmentation de l'épaisseur de la couche du HMS.

3.2.2. Effet de l'épaisseur sur la phase HMS à 700°C

La *figure 5.13* montre les résultats obtenus par diffraction des rayons X pour des échantillons recuits à 700 °C pour des temps différents. Ces diffractogrammes montrent qu'à une température de 700 °C la phase MnSi est totalement consommée, quelque soit l'épaisseur du film déposé, et seule la phase $MnSi_{1.75}$ (Mn_4Si_7) diffracte.

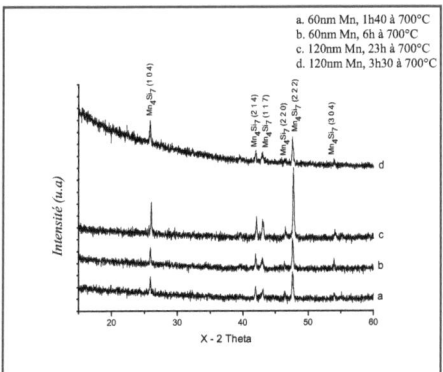

Figure 5.13. Diffractogrammes X obtenus sur des dépôts de 60 et 120nm de Mn traités en isothermes dans le four classique à différentes températures.

Les diffractogrammes de la *figure 5.14*, sont obtenus pour des températures de recuits à 700°C, sur cette figure nous pouvons voir aisément que pour des temps relativement courts (entre 1h 30 et 6h) les pics ne sont pas aussi intenses que le pic obtenu pour des échantillons recuits à des temps plus longs (23h pour le diffractogramme c). Cette intensité importante est due à la fois à l'augmentation de l'épaisseur de la couche de Mn_4Si_7 et à sa cristallisation en fonction du temps de recuit. Nous pouvons remarquer que les pics des diffractogrammes (a, b et d) possèdent des intensités très voisines tandis que le diffractogramme (c), correspondant à un temps de recuit de 23 heures, présente des pics beaucoup plus intenses, notamment pour le pic correspondant au plan (222).

Le spectromètre de la *figure 5.14* montre une caractérisation AES de l'échantillon recuit à 700 °C pendant 1h 40mn, on remarque dans cette figure la présence de manganèse, d'oxygène et de carbone. Comme nous l'avons mentionné précédemment, la présence du carbone et de l'oxygène est presque inévitable pour des échantillons élaborés par pulvérisation cathodique, donc seul le manganèse est l'espèce détectée appartenant à notre système et aucune trace de silicium n'apparaît sur le spectromètre.

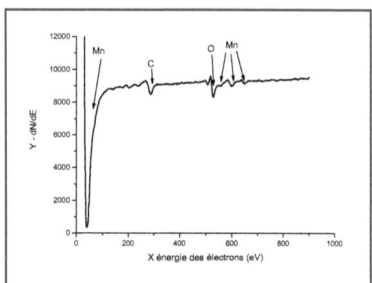

Figure 5.14 spectromètre AES obtenu pour la surface d'un échantillon recuit à 700°C

La *figure 5.15* montre une caractérisation par MEB, à des dimensions différentes, d'une coupe transversale d'un échantillon recuit à 700 °C pendant 1h 40mn. On peut distinguer trois couches de contrastes différents qui apparaissent sur cette coupe en plus de la couche de platine déposée pour la protection de l'échantillon des ions d'argon utilisés dans la coupe.

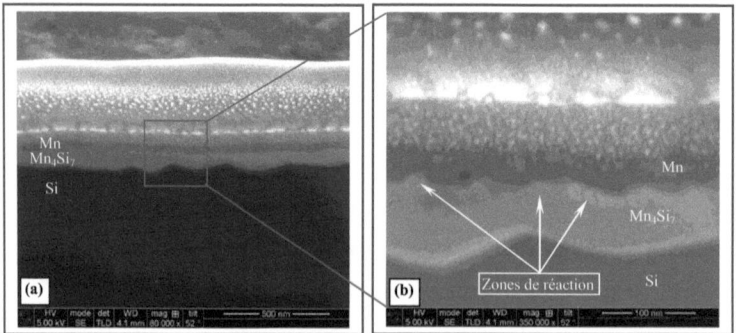

Figure 5.15 Micrographie MEB d'une coupe transversale obtenue par FIB dans un échantillon recuit à 700°C pendant 1h40mn

3.3. Discussion des résultats obtenus en températures moyennes
3.3.1. Séquence de formation des phases

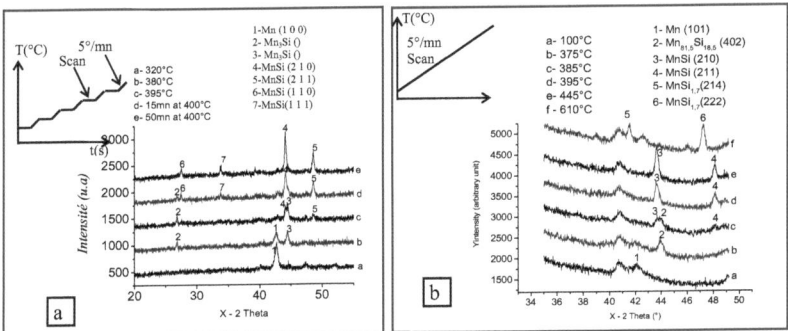

Figure 5.16. Figure de diffraction des rayons X en température. (a)- figure en 2D montrant quelques scans représentatifs d'une caractérisation in situ en rampe de 5°/min et palier de température de 300° à 400° puis iso à 400°C, (b)- représentation en 2D de quelques scans représentatifs d'une caractérisation in situ en rampe continue de température avec 3°/min de 150° à 650°C.

Les résultats obtenus pour les températures inférieures à 400°C dans la chambre de l'ESRF sont identiques à ceux de la chambre des basses températures. Pour des températures supérieures à 400 °C, la phase MnSi reste stable jusqu'à la température de 580 °C, pour laquelle le Mn_4Si_7 apparaît. Cette phase est donc la première phase HMS qui se forme dans notre système. Il est très difficile de distinguer un HMS d'un autre par les pics de DRX car ces phases présentent des pics sur des angles 2θ très proches ce qui rend la distinction très difficile, nous avons alors utilisé l'écart entre deux pics différents, c'est à dire que le décalage d'un pic entre le fichier JCPDS et celui du diffractogramme obtenu doit entraîner le même décalage pour un autre pic puisque c'est les mêmes conditions de travail.

A partir de la *figure 5.15* on constate que le matériau présent en surface est du manganèse, c'est-à-dire qu'après transformation de la phase MnSi en Mn_4Si_7 le manganèse est toujours présent en surface ; ceci peut s'expliquer par le fait qu'après disparition du Mn_3Si, toutes les phases qui se forment croissent en consommant principalement du silicium et très peu de manganèse.

En utilisant les deux figures 5.13 et 5.14, nous pouvons identifier les couches qui apparaissent dans la figure 5.15. On peut alors dire que la couche superficielle (au dessous du platine) est du manganèse, le substrat de silicium est facilement identifiable, ainsi que la couche de Mn_4Si_7 prise en sandwich et qui représente la phase détectée par la caractérisation DRX.

Les ondulations que nous pouvons voir à l'interface Mn_4Si_7/Si dans la *figure 5.15*, peuvent être interprétées comme une indication que le sens de diffusion de l'espèce mobile est du silicium vers la zone de réaction qui se trouve à l'interface Mn/Mn_4Si_7 (après consommation totale du MnSi) Le silicium continue alors de diffuser et traverse la couche de Mn_4Si_7 pour atteindre cette zone et réagir avec le manganèse pour former du MnSi puis Mn_4Si_7. Nous pouvons aussi remarquer à l'interface Mn/Mn_4Si_7 les zones de réaction qui apparaissent dans l'image avec des contrastes inhomogènes.

3.3.2. *Effet de l'épaisseur sur la température de formation du HMS*

Si nous reprenons les diffractogrammes de la *figure 5.13*, nous pouvons alors remarquer que l'épaisseur a un rôle important dans la formation des phases. Nous pouvons comprendre alors, en analysant ces résultats, que le MnSi croit d'abord en consommant le Mn_3Si puis, une fois cette dernière complètement consommée, le silicium diffuse dans le MnSi et traverse toute la couche pour atteindre l'interface MnSi/Mn, réagir avec le Mn encore présent et former du MnSi. Cette couche devient alors de plus en plus épaisse et le silicium trouve de plus en plus de mal à la traverser, il devient majoritaire dans cette même couche et favorise alors cinétiquement la formation d'un HMS. Si l'épaisseur du MnSi atteint une certaine épaisseur, il peut y avoir une germination de la phase Mn_4Si_7 à une température relativement basse et va ainsi croître en consommant du silicium à l'interface Si/MnSi. Si cette épaisseur n'est pas atteinte il continue à croître à l'interface Mn/MnSi. Dans ce cas la température de transformation de phase du MnSi vers Mn_4Si_7 est plus élevée.

3.3.3. Effets de l'épaisseur sur la phase HMS à 700 °C

La *figure 5.14* montre une coupe transversale d'un échantillon recuit à 700 °C pendant 1h 40mn. On peut remarquer la forme des ondulations à l'interface Mn_4Si_7/Si, ceci est une indication du sens de diffusion des éléments mobiles. Dans cette figure on peut alors dire que le silicium diffuse à travers les siliciures MnSi et Mn_4Si_7.

A l'interface Mn_4Si_7/Mn, nous pouvons remarquer quelques zones dont le contraste est différent du Mn_4Si_7, cette zone ce trouve dans la région où se passe la réaction, c'est alors une zone de réaction qui peut se voir.

A 700 °C Mn_4Si_7 est présente quelle que soit l'épaisseur et continue à croître pendant l'isotherme. En effet les pics de la phase Mn_4Si_7 apparaissent plus intenses dans le diffractogramme (5.13.c) pour une épaisseur de Mn de 120 nm. L'intensité des pics dans ces conditions est due à une forte texturation du film et au fait que la phase Mn_4Si_7 continue de croître même après la consommation totale de la phase MnSi, ceci est rendu possible par la présence de manganèse en couche superficielle.

Rappelons-nous qu'au moment de la formation du MnSi une couche de manganèse est toujours présente en surface. Et rappelons nous aussi que dans la phase MnSi c'est le silicium qui diffuse majoritairement [zhang'91] (voir §2.3.2). A partir de la *figure 5.13* (diffractogramme d et e) nous pouvons constater la différence entre les intensités des pics pour un échantillon dont l'épaisseur de Mn déposé est 120 nm et celles obtenues pour un échantillon dont l'épaisseur de Mn déposé est 60nm (l'intensité des pics est proportionnelle à la couche initiale de manganèse), et le manganèse n'apparaît plus après la formation du Mn_4Si_7. Nous pouvons donc conclure que la phase Mn_4Si_7 continue de croître à l'interface Mn/Mn_4Si_7 jusqu'à consommation totale du Manganèse de la surface. Le siliciure diffuse donc dans le siliciure formé pour atteindre l'interface Mn_4Si_7/Mn.

Il est aussi essentiel de noter que lors de nos recuits une couche importante d'oxyde de manganèse se forme en surface à ces températures, en décapant les échantillons, par bombardement ionique à l'argon, pendant un temps long (10h), on retrouve toujours cette couche qui n'apparaît pas dans le diffractogramme. Il est à noter que vu notre géométrie de décapage (le faisceau d'ions incident fait un angle important avec la normale à la surface de l'échantillon) il est difficile de savoir si cette couche est difficile à décaper avec des bombardements à l'argon (vu la rugosité de surface) ou cette couche est dure à décaper.

3.4. Résumés des températures moyennes

Pour des traitements à des températures moyennes (entre 400 et 780°C), nous pouvons retenir ceci :

- Il existe une influence de l'épaisseur de la couche de Manganèse initialement déposée sur la température de formation des HMS. La température du début de formation des HMS est d'autant plus faible que l'épaisseur de Mn est grande. Il existe alors une épaisseur de la couche de MnSi qui permet la germination de la phase HMS si elle est atteinte, à une température donnée.
- A partir de la forme du film de HMS obtenue dans les coupes transversales, on peut déduire qu'après germination de Mn_4Si_7 à l'interface MnSi/Si, Mn_4Si_7 croit latéralement puis du côté de la phase MnSi jusqu'à la consommer totalement. La température de formation du HMS peut être alors assez faible (445 °C pour une épaisseur de 120 nm de Mn).
- La croissance du Mn_4Si_7 se fait en consommant le MnSi et du silicium du substrat.
- La phase Mn_4Si_7 reste stable jusqu'au moins 780 °C.
- Dans nos conditions de caractérisations in situ toutes les phases qui sont apparues ont obéi à la règle générale des films minces (apparition des phases de façon séquentielle, et croissance simultanée si l'épaisseur du film est importante).

Les réactions dans le système Mn/Si sont résumées schématiquement dans la figure 5.17, en se basant sur le modèle de Zhang, et en apportant quelques précisions (ou compléments).

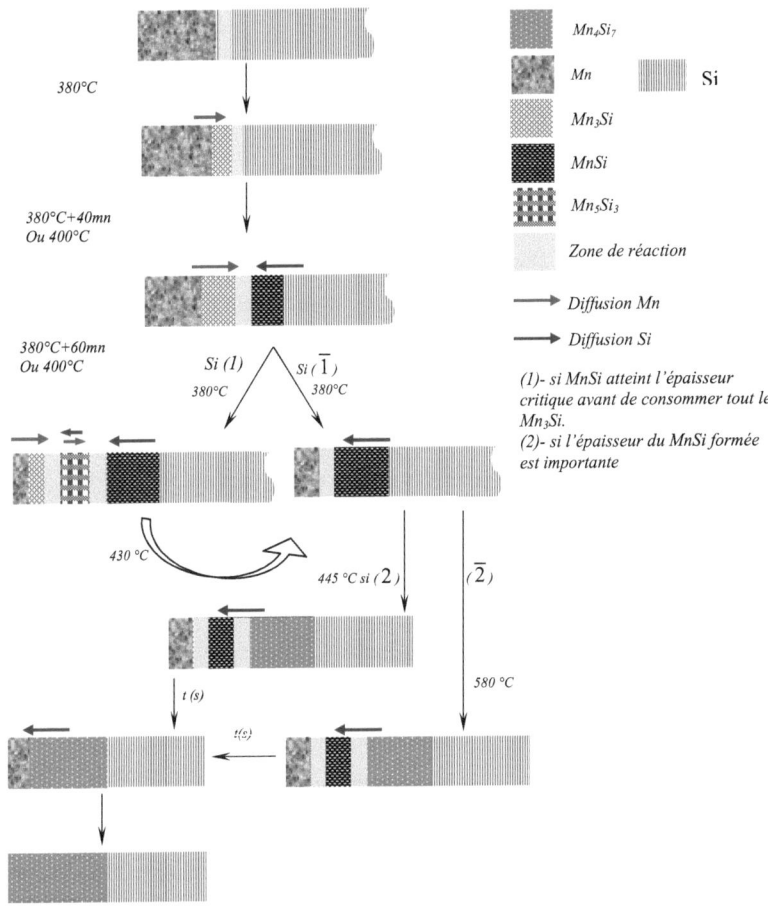

Figure 5.17. Résumé de la séquence de formation des phases et de leur stabilité.

Parie B : Traitements à hautes températures

1. Phases obtenues à hautes températures

1.1. Caractérisation DRX in situ (grande chambre)

1.1.1. Traitement thermique par étapes

Dans cette partie de notre travail nous avons utilisé la chambre « hautes températures » pour étudier la séquence de formation des phases à hautes températures. Le vide, dans cette chambre, atteint avant le début du recuit est de 10^{-6} mbar, et celui-ci devient 10^{-5} mbar aux environs de 150 °C. Ce vide n'est pas suffisant dans cet équipement pour éviter l'oxydation du manganèse et nous ne sommes donc pas en mesure de proposer une séquence de formation de phases dans des films du système Mn-Si pour des températures supérieures à 650 °C. Dans cette chambre deux pics apparaissent aux environs de 250 °C, l'un à 35° et l'autre proche de 40.5°, ces deux pics peuvent être attribués soit aux plans (111) et (330) du *MnO*, ou bien aux plans (222) et (400) du manganèse. Les diffractogrammes obtenus pour un dépôt de Mn de 60nm d'épaisseur sont présentés sur la *figure 5.18*. Si les pics correspondent aux pics de *MnO* alors on peut conclure que la couche de Mn s'est très rapidement oxydée pour se transformer en couche de *MnO*, mais si les pics correspondent au Mn alors c'est la maille tétragonale du groupe d'espace I4/mmm du cristal de manganèse qui s'est transformée en cubique du groupe I-43m.

Nous n'avons pas les moyens de nous assurer de l'appartenance des pics de la *figure 5.18* mais les différents composés qui apparaissent dans cette chambre à plus hautes températures *(cf. figure 5.19)*, et qui correspondent tous à des oxydes, nous amène à dire que ce que nous obtenons est un oxyde, et nous ne les considérerons pas ces pics dans ce travail. Nous pouvons cependant constater *(figure. 5.19)* que leur formation est très sensible aux conditions expérimentales notamment à la vitesse de chauffe. En effet, les diffractogrammes présentés sur la *figure 5.19.a* ont été enregistrés avec une vitesse de chauffe de 5 °/min et avec des scans de 8 min, tandis que les diffractogrammes présentés sur la *figure 5.19.b* ont été enregistrés avec la même vitesse de chauffe mais avec des temps de scans plus courts (3 min).

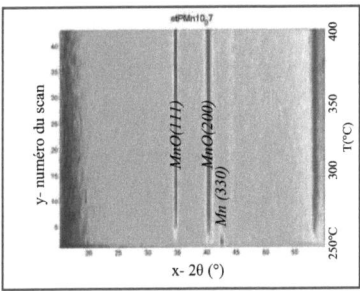

Figure 5.18 Diffractogrammes in-situ enregistrés sur un dépôt de Mn d'épaisseur 60nm entre 200 et 400 °C.

1.1.2. Traitements thermiques par isothermes.

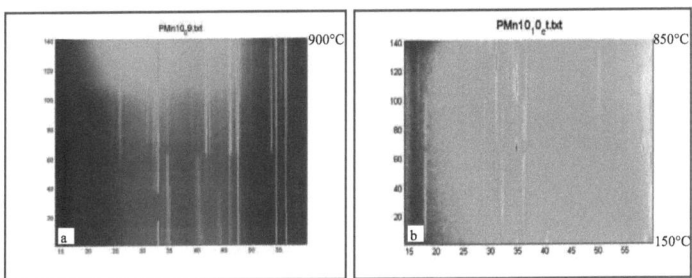

Figure 5.20. Image 3D d'un échantillon traité par étapes de 150°C pour (a)- 900°C et (b)-850°C

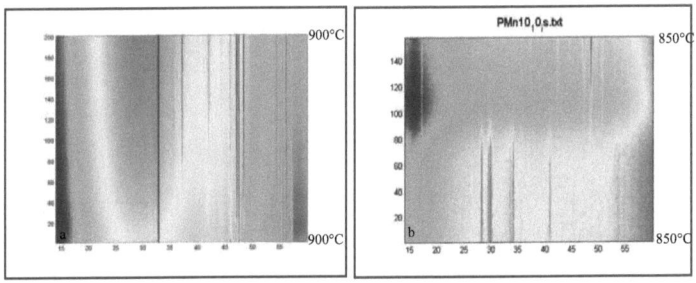

Figure 5.21. Images en 3D (caractérisation DRX in situ) d'un échantillon traité par isotherme: (a) - 900°C, (b)- 850°C.

A des températures voisines de 800 °C, les résultats obtenus par DRX pour des traitements isothermes dans le four classique (pression de base voisine de 10^{-7} mbar), montrent que la phase Mn_4Si_7 est toujours présente dans le film. Dans les différents diffractogrammes montrés dans la *figure 5.20* apparaissent les pics de cette phase.

Les oxydes sont éliminés et montent vers la surface et un HMS apparaît à l'interface $MnSiO_3/Si$, nous n'avons pas pu vérifier cette hypothèse mais la coupe transversale de l'échantillon recuit à 800 °C (*Figure 5.29 b et d*) pendant 10h montre qu'il y a une couche qui croît à partir de l'interface $MnSiO_3/Si$ et le diffractogramme montre l'apparition de la phase $Mn_{15}Si_{26}$.

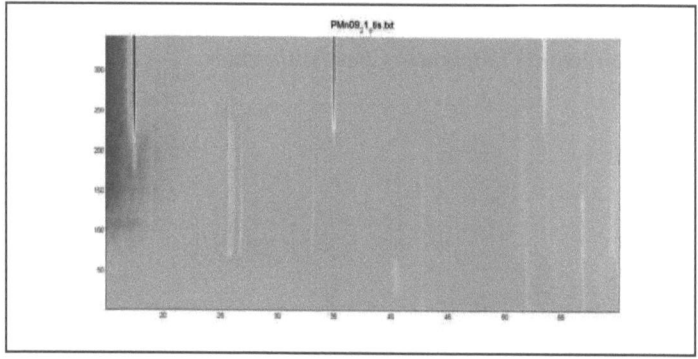

Figure 5.22. Images en 3D d'un échantillon traité par étapes puis suivi d'une isotherme dans la grande chambre à 900°C.

1.2. Traitement thermique dans le four classique caractérisation DRX ex-situ)

La caractérisation des échantillons traités dans le four classique à différentes températures (de 445 °C à 900 °C) nous a permis de mettre en évidence plusieurs caractéristiques des HMS à des températures relativement élevées. Le traitement à une température de 850 °C fait apparaître un autre HMS pas encore obtenu jusqu'ici dans ce travail. En effet le $Mn_{15}Si_{26}$ apparaît à 870 °C, après quelques heures de recuit. Nous l'avons obtenu à différentes températures et épaisseurs de dépôt.

La *figure 5.23* présente des diffractogrammes obtenus ex-situ (spinner) pour des échantillons traités à différentes températures et pour différents temps de recuit. Nous pouvons remarquer que le Mn_4Si_7 n'est détecté que dans le diffractogramme

« f » obtenu pour un échantillon recuit à une température assez basse (780 °C). Pour des températures plus élevées le Mn_4Si_7 disparaît pour des temps de recuit longs ; nous remarquons aussi que les trois paramètres (température, temps de recuit et épaisseur du film de manganèse) influent sur la phase obtenue et sur les intensités de ses pics.

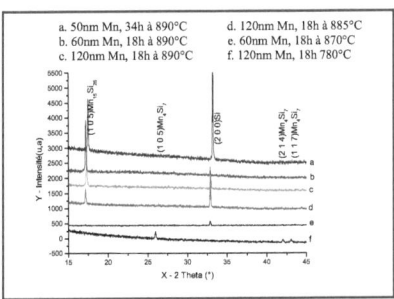

Figure 5.23. Diffractogrammes obtenus pour des échantillons recuits à des températures supérieures à 750 °C pendant de longues durées

Sur la *figure 5.23* et en comparant les diffractogrammes « c » avec « d », et « b » avec « e » nous pouvons constater que pour des épaisseurs identiques des films et pour les mêmes temps de recuit, les intensités des pics dans l'échantillon recuit à 890°C sont plus importantes que celles de l'échantillon recuit à 885°C, et les pics pour 890 °C sont plus intenses que ceux obtenus avec un recuit à 870°C ; Sachant que pour des temps de recuits aussi longs, nous pouvons affirmer que le film de siliciure est complètement formé ; cette intensité ne peut être alors expliquée que par une augmentation de la cristallinité.

Sur la même *figure* les différences des épaisseurs pour les échantillons correspondant aux diffractogrammes « a » et « b » engendrent une légère différence dans les intensités des pics. Cette faible différence peut être compensée avec des recuits plus longs comme le prouve le diffractogramme « a » qui est obtenu pour une épaisseur plus faible avec un temps de recuit plus long ; l'intensité de ce pic est la même que celles des diffractogrammes « b » et « c ».

Dans la *figure 5.24*, le temps de recuit d'une heure à 900°C n'a pas été suffisant pour obtenir la phase $Mn_{15}Si_{26}$, et c'est la phase Mn_4Si_7 qui apparaît dans le diffractogramme « b » obtenue pour un échantillon recuit pendant 1 heure à 900°C, alors que pour 6 heures et 30 minutes de recuit à la même température cette phase est formée et l'intensité de ses pics de diffraction est importante.

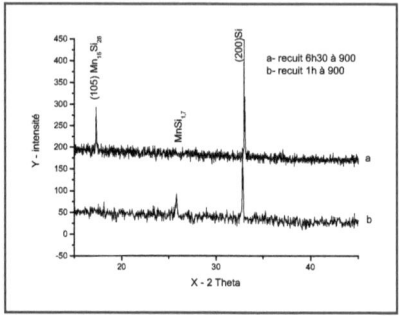

Figure 5.24. Comparaison des diffractogrammes obtenus pour des recuits à 900 °C. a- recuit pendant 6h30 min et b- recuit pendant 1h.

Nous avons mentionné dans le *chapitre III* qu'il est très difficile de distinguer les pics de diffraction des différents HMS, mais pour le pic qui apparaît à 17,4° il n'existe pas pour le Mn_4Si_7, il est aussi un peu plus loin pour le $Mn_{27}Si_{47}$ et le $Mn_{11}Si_{19}$, c'est pour cela que nous attribuons ce pic au $Mn_{15}Si_{26}$. Une autre possibilité pourrait être que ce pic ne soit pas un pic du HMS, il devrait alors appartenir au silicium, puisque le pic apparaît et disparaît aux mêmes angles que les pics du substrat.

Avec les techniques que nous avons utilisées, nous ne pouvons pas être certains de l'appartenance de ce pic au $Mn_{15}Si_{26}$. Le SIMS aurait pu nous donner des informations complémentaires mais à cause de la rugosité de surface, une analyse chimique du film en profondeur (de quelques nanomètres à quelques centaines de nanomètres) est nécessaire.

Dans l'analyse par spectroscopie Auger de la composition chimique de la surface de l'échantillon recuit durant 18 heures à 890°C, nous obtenons la présence, en surface, de silicium et de manganèse. En effet le spectre de la *figure 5.25* nous révèle la présence de ces deux éléments. Ce résultat étaye notre hypothèse sur la présence du $Mn_{15}Si_{26}$. Nous pouvons également observer sur le spectre la présence du carbone, elle est inévitable vu que nos échantillons ont été déposés et traités dans des conditions de pression insuffisante pour éviter sa présence.

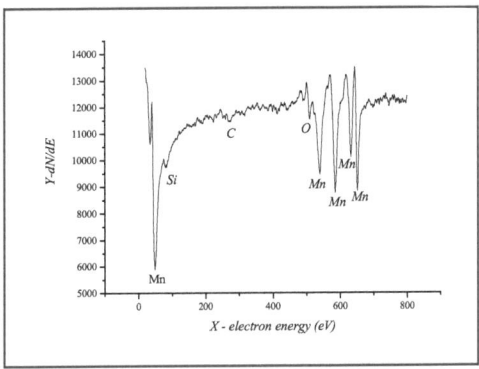

Figure 5.25 : Spectroscopie Auger de la surface d'un échantillon recuit 18 heures à 890°C.

1.3. Traitement par RTP (caractérisation ex-situ)

1.3.1. Caractérisation par DRX

Dans la *figure 5.26* nous avons montré deux effets différents sur les phases à 900°C en RTP. L'effet de la vitesse de chauffe, et l'effet du temps d'exposition à 900 °C. Pour déterminer l'effet de la vitesse de chauffe l'échantillon est porté à 900 °C au bout de 3 min et 2 min respectivement (300 °C/min et 450 °C/min), il est ensuite laissé pendant 30 secondes à cette température.

Les diffractogrammes 'a' et 'b' de la *figure 5.26* correspondent à des échantillons obtenus pour des rampes de températures de 300 et 450 °C/min, respectivement. Ils montrent que pour la rampe de 450 °C/min les pics sont plus intenses que ceux obtenus avec une rampe de 300 °C/min. Le diffractogramme enregistré pour l'échantillon obtenu à 300°C/min présente des pics d'intensité très faibles ce qui signifie que les cristaux de la phase formée dans ces conditions sont peu nombreux comparés à ceux obtenus avec une vitesse de chauffe de 450 °C/min.

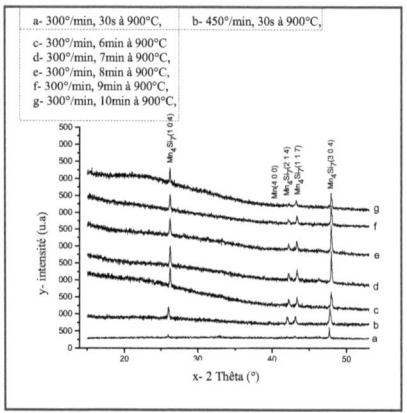

Figure 5.26. L'effet de la vitesse de chauffe et du temps de recuit, pour des traitements en RTP, à 900 °C pour des échantillons de 60nm Mn/Si (100).

Dans le deuxième traitement par RTP, la vitesse de chauffe est fixée à 300 °/min alors que les temps d'exposition à 900 °C varient de 30 secondes à 10 min. Pour cette température et pour ces temps de recuit les diffractogrammes ne révèlent, dans tous les cas, que la présence de la phase Mn_4Si_7, elle est unique dans le film. Les intensités des pics correspondant aux plans (104), (304), (117) et (214) de cette phase évoluent en fonction du temps de recuit et atteignent le maximum pour les scans 'c' et 'd' correspondant aux temps de recuit de 7 et 8 minutes, ils diminuent ensuite pour les scans 'f' et 'g' correspondant respectivement à 9 et 10 minutes de recuit. Les temps de recuit à 7 et 8 minutes correspondent à des temps pour lesquels l'épaisseur du film est à son maximum et les cristaux de cette phase sont complètement formés (i.e. le film à complètement réagi). A partir de la 9ème minute, la quantité de Mn_4Si_7 commence à diminuer. Cette phase est consommée pour se transformer en une autre phase qui n'apparaît pas encore sur le diffractogramme du fait de sa faible quantité. Cette évolution est détaillée dans le paragraphe suivant et dans la *figure 5.27*.

1.3.2. Evolution de l'intensité des pics et de la résistance de surface

Pour ces échantillons traités sous RTP à 900 °C, nous avons calculé à partir des diffractogrammes l'intensité normalisée du sommet du pic correspondant à la famille de plans, en les divisant par la valeur de l'intensité du pic le plus intense (ici obtenue pour un recuit de 420 s), pour tous les temps de recuit. Nous avons ensuite mesuré les résistances de surface pour tous les échantillons et nous avons normalisé ces valeur. Les intensités normalisées des pics et des résistances de surface sont portées sur la *figure 5.27*. Nous pouvons constater que la variation de la résistance de surface est inversement proportionnelle à l'intensité du pic. Cela peut vouloir dire que pour des pics d'intensités élevées les résistances du film sont faibles, ce qui est logique puisque ceci dépend de l'épaisseur du film et de leur cristallinité.

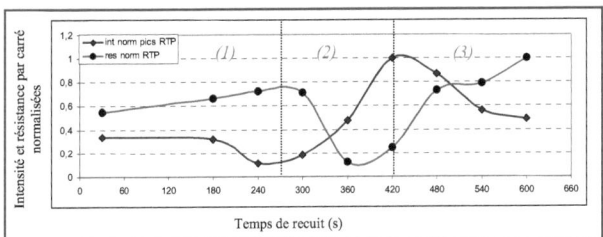

Figure 5.27. Résistances par carré et intensités des pics normalisées, obtenues sur des échantillons soumis à différents temps de recuit en RTP à 900 °C.

Nous pouvons distinguer dans cette *figure* trois zones différentes :
- Pour la *zone (1)* sur la *figure 5.27*, l'intensité moyenne des pics diminue légèrement avec le temps d'exposition à 900°C. La résistance de surface évolue inversement à l'intensité du pic. Dans cette zone l'évolution de la résistance de surface peut s'expliquer de la façon suivante: la présence en surface d'une petite couche de manganèse introduit une résistance complémentaire en parallèle et donc diminue la résistance totale. Quand la durée du recuit augmente, la couche diminue et donc la résistance augmente et enfin la couche disparait complètement et la résistance est au minimum.
- Dans la *zone (2)*, l'intensité des pics augmente, pour les échantillons obtenus entre 4 et 8 minutes de recuit, ceci peut correspondre à une augmentation de la

cristallinité avec le temps de recuit. Comme indiqué précédemment, la couche de manganèse diminue dans cette zone et donc la résistance de surface diminue.

- Dans la *zone (3)*, l'intensité moyenne des pics diminue, pour les échantillons exposés de 8 à 10 minutes au rayonnement, ce qui signifie que l'épaisseur de la couche de siliciure commence à diminue. La résistance, dans ce cas doit augmenter avec la diminution de l'épaisseur du film. C'est ce que nous obtenons sur la figure.

Nous n'avons pas pu aller plus loin pour les temps de recuit parce que le thermocouple du RTP n'a pas pu résister, il a craqué lors du recuit de 11 minutes, et nous avons alors été forcé d'arrêter les recuits rapides et passer, plus tôt que prévu, au four classique pour continuer de travailler sur l'évolution du film en fonction du temps de recuit. Les résultats obtenus sont présentés dans le paragraphe précédent.

1.3.3. Synthèse de l'évolution des phases pour les hautes températures.

Dans la littérature, nous n'avons pas trouvé beaucoup de travaux sur le système Mn/Si en phase solide pour des températures élevées. De plus, les études reportées ont été réalisées avec des techniques différentes et présentent des imprécisions ou des désaccords dans les résultats.

Wang [wang'97] obtient du $MnSi_{1.7}$ par réaction en phase solide dans le système Mn(240nm)/Si après 1 heure de recuit à la température de 600°C. Eizenberg [Eizenberg'82] l'a également obtenu après un recuit de 1 heure pour Mn(240nm)/Si mais à 500°C. Dans les deux cas, la caractérisation des échantillons a été effectuée ex-situ et aucun de ces deux auteurs ne précise quel est le HMS obtenu. Du $Mn_{15}Si_{26}$ est retrouvé par Xie [Xie'02] par réaction en phase solide dans le système Mn (160nm)/Si sous irradiation par infrarouge.

Par ailleurs, du $Mn_{15}Si_{26}$ et du *MnSi* ont été retrouvés ensemble par Okada [okada'01-1] à partir de poudres recuites à 1200 °C pendant 10 heures quand le rapport des compositions Si/Mn varie de *1.74* à *2.0*. Quand le rapport des compositions Si/Mn varie de 1.0 à 0.5, le seul siliciure observé est MnSi. Souno [souno'01] obtient du

$MnSi_{1.7}$ par exposition d'un substrat de Si porté à la température de 500 °C, aux flux simultanés de Mn et de Sb. Yang [Yang'01] obtient du $Mn_{15}Si_{26}$ au même temps que le $Mn_{27}Si_{47}$ par la technique de 'Mass-Analyzed Low Energy Dual Ion Beam Epitaxy' puis un traitement à 840°C sous atmosphère d'azote.

Dans ces résultats seul Xie à utilisé une caractérisation in-situ pour la mesure de la résistance de surface, tous les autres ont utilisé des caractérisations ex-situ, ce qui laisse des interrogations sur les vraies températures de formation de toutes ces phases ainsi que la séquence de leurs apparitions pour les conditions qu'ils ont utilisées.

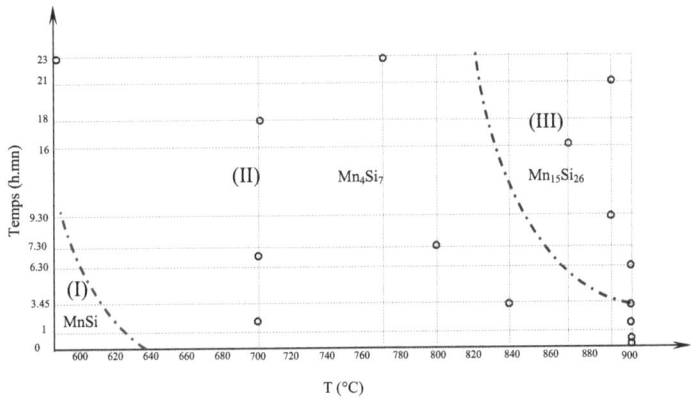

Figure 5.28 : les différentes phases qui se forment pour des températures et des temps différents à partir de nos résultats et de ceux déjà reportés dans la littérature.

A partir des résultats reportés dans la littérature et présentés ci-dessus, et en tenant compte des résultats de notre étude, nous présentons sur la *figure 5.28* les domaines d'existence des différents siliciures de manganèse dans le domaine de températures [600-900°C]. Ce schéma précise la température de formation en fonction du temps de recuit.

On remarque sur cette figure que la phase Mn_4Si_7 est présente dans une large gamme de températures, entre son apparition à 580°C et son entière consommation pour des températures de 820°C et 900°C à des temps de recuits respectifs de 23 heures et 4 heures. c'est la *zone (2)* dans la *figure 5.28*, alors que pour les zones (1) et

(3) on retrouve respectivement les phases *MnSi* et *Mn$_{15}$Si$_{26}$*. Concernant l'existence de MnSi, les détails ont été donnés dans la partie basses et moyennes températures (cf. § 3.3.1 et 3.4). Pour la phase *Mn$_{15}$Si$_{26}$* un premier pic apparaît à 2 Théta = 17.4°, il correspond à la diffraction des RX sur la famille de plans (105) et un deuxième pic apparait à 53,44, il correspond à la diffraction sur la famille de plans (3 0 15). Ces plans sont parallèles aux premiers. Le premier pic est le plus intense, il existe pour *Mn$_{15}$Si$_{26}$* mais n'apparait pour aucun autre HMS [fichier JCPDS]. Ce pic apparaît avec les pics du substrat de silicium, et disparaît avec ceux-ci. Ce résultat permet de supposer que le plan correspondant à ce pic est parallèle aux plans (400) et (200) du silicium qui apparaissent sur la même figure (voir *figure 5.23 et 5.24*).

2. Evolution de l'état de la surface (rugosité) dans les traitements HT
2.1. Evolution de la surface avec le traitement dans la chambre HT

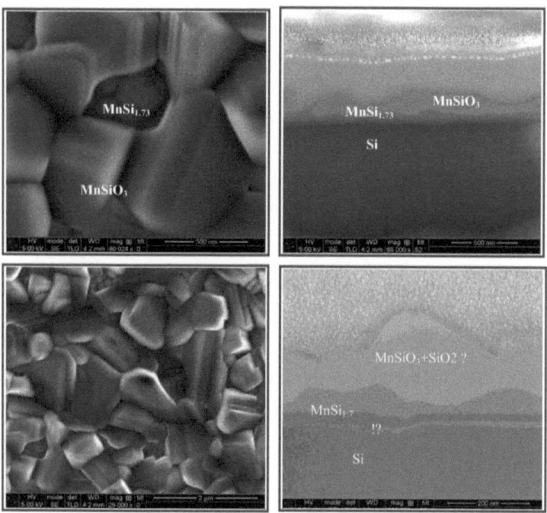

Figure 5.29 : Caractérisation par SEM d'un échantillon recuit par isotherme à 800 °C pendant 10h

Des coupes transversales ont été réalisés sur les échantillons après traitement thermique à hautes températures par faisceaux d'ions focalisés FIB (pour Focused Ion Beam). Elles sont présentées sur la *figure* 5.29. (b et d). Dans cette figure nous pouvons distinguer trois couches différentes. La couche la plus sombre qui correspond au substrat de silicium, une couche supérieure qui correspondrait à un oxyde ternaire (le $MnSiO_3$ est le plus probable), et une couche intermédiaire, d'une épaisseur variant entre 50 et 100 nm, qui est le $Mn_{15}Si_{26}$.

Une zone plus claire apparait le substrat de silicium et le *$Mn_{15}Si_{26}$* (*figure 5.29 b et d*), elle pourrait correspondre à la zone de réaction pour la formation du siliciure.

En surface, et pour l'oxyde, des traces d'évaporation par plans d'atomes sont visibles sur la *figure 5.29 a et c*. Les orientations des plans de plus faible énergie sont également visibles.

2.2. Evolution de la surface avec le traitement par RTP
2.2.1. Evolution avec la vitesse de chauffe.

Dans la *figure 5.30.a* à *d,* nous présentons des images obtenues par caractérisation à l'AFM de deux échantillons traités avec une vitesse de chauffe de 450 °/min et 300 °/min respectivement et maintenus 30 secondes à 900 °C ; nous pouvons remarquer qu'on retrouve les mêmes ondulations et formes générales sur les deux surfaces, mais une différence dans les dimensions et densités des îlots qui apparaissent en surface est visible.

En effet il apparaît un faible nombre d'îlots de hauteur très élevée sur la surface de l'échantillon traité à 30°/min (*figure 5.30.a et b*), alors qu'un nombre plus important d'îlots de dimensions plus faibles est visible sur la surface de l'échantillon chauffé à 45°/min.

Nous pouvons remarquer aussi que si nous ne prenons que les images en 2 dimensions, nous ne pouvons pas distinguer, facilement, les différences sur les surfaces (figures *5.30.a et c*). Les hauteurs des îlots sont plus visibles en 3D (*figure 5.30.c et d*). Dans les deux cas (voir les *figure* a, b, et c) des ondulations reparties d'une manière homogène, formées au dessous de la surface sur de larges zones, apparaissent.

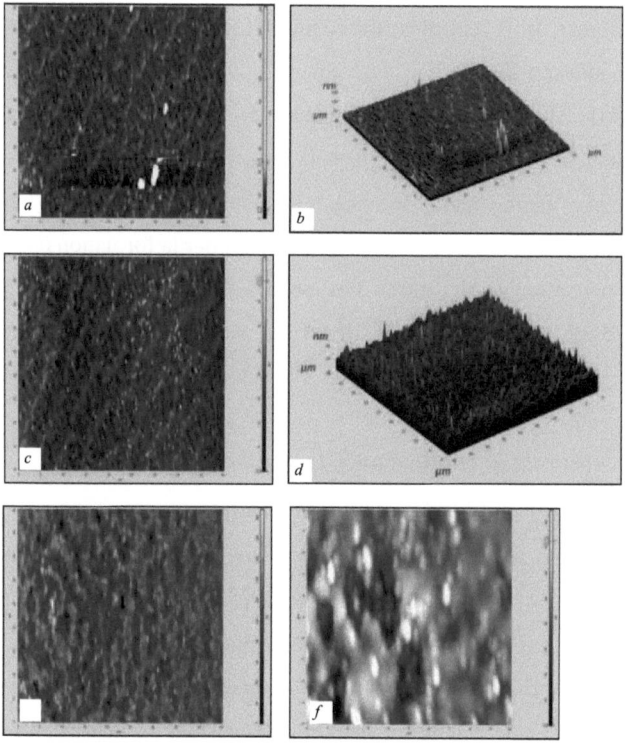

Figure 5.30 : caractérisation de surface par AFM, pour un traitement RTP à différentes vitesses de chauffe (a) et (b) représentent les images 2 et 3D respectivement de l'échantillon chauffé à 300°/min, (d) représente une image 3D de l'échantillon chauffé à 450°/min,(c), (e) et (f) représentent des images 2D de zones différentes de l'échantillons chauffé à 450°/min.

Pour la vitesse de chauffe à 30°/min, il apparaît, sur des zones éloignées, quelques îlots qui poussent du fond de l'échantillon, et qui sont visibles sur de longues colonnes en surface. Sur le même échantillon, d'autres zones de surface présentent une rugosité importante, et des îlots de même dimension et régulièrement répartis apparaissent au dessous de la surface de la couche superficielle (*figure* 5.29 d) qui commence à disparaître. Ceci signifie que la fine couche de surface est du manganèse, c'est lui qui commence à disparaître.

2.2.2. Evolution avec le temps d'exposition à 900°C.

Pour des temps de recuit différents sous 900°C au four RTP, la rugosité de surface change considérablement à partir de la 5^{iéme} minute. Les images de la *figure 5.31 et 5.32* obtenues par microscopie à force atomique et par microscopie optique, montrent l'évolution de cette surface pour des temps de recuits allant de 6 à 8 minutes sous 900 °C. On peut remarquer des zones circulaires rugueuses qui apparaissent en surface à partir de six minutes de recuit.

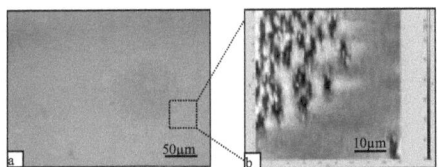

Figure 5.31 : apparition de zones rugueuses après 6 minutes de recuit à 900°C sous RTP. (a)-image obtenue par microscopie optique à haute résolution, (b)- image topographique obtenue par AFM d'une partie de la zone rugueuse et une partie pas encore envahie par ces zones.

La forme de ces zones du point de vue morphologique est montrée sur la *figure 5.31*. Sur cette figure qui montre des images de microscopie optique (*figure* 5.31 a) et des images AFM (*figure 5.31 b*) de ces zones rugueuses, on peut voir que ce sont des zones de formes circulaires qui apparaissent en un point de la surface puis croissent en diamètre jusqu'à rencontrer une autre zone identiquement formée.

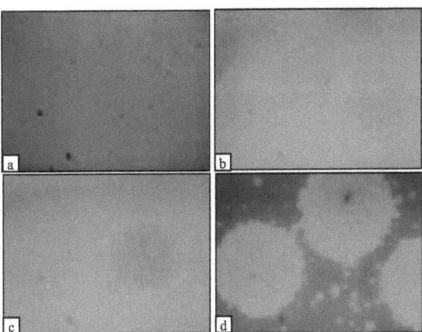

Figure 5.32: images au microscope optique de l'évolution de l'état de surface et de l'occupation des zones rugueuses de la surface de l'échantillon en fonction du temps d'exposition à 900°C en RTP. Les images (a), (b), (c) et (d) correspondent respectivement à 30 secondes, 5, 6 et 8 minutes d'exposition.

Nous avons calculé le taux d'occupation de la surface par ces zones (leurs dimensions et leurs densités) pour l'ensemble des échantillons en déterminant le rapport des surfaces occupées par ces zones sur la surface totale de l'image (échantillon). Les valeurs obtenues sont portées sur la *figure* 5.32 en fonction du temps d'exposition à 900°C.

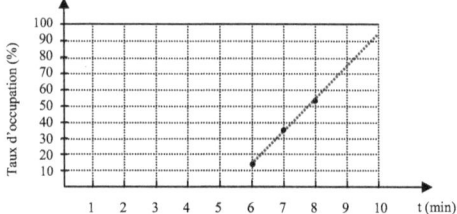

Figure 5.32 : Evolution du taux d'occupation de la surface des zones rugueuses en fonction du temps d'exposition à 900°C en RTP.

Il apparaît que le taux d'occupation augmente linéairement avec le temps jusqu'à atteindre une occupation totale pour 10 min d'exposition. On trouve ainsi une occupation de 15% de la surface à 6 minutes de recuit, une occupation de 35% pour un recuit de 7 minutes alors que pour 8 minutes l'occupation de la surface est de 53%.

2.2.3. Conclusion sur le traitement RTP à 900°C.

Après traitement par RTP, la diffraction des rayons X a permis de mettre en évidence la présence de la phase Mn_4Si_7 (*voir paragraphe 1.1*). Cette phase est présente dès les 30 premières secondes de recuit à 900°C. La présence de manganèse est aussi visible sur les *figures 5.26.b-f*. L'intensité du pic correspondant au manganèse diminue avec l'augmentation du temps de recuit jusqu'à 10 min pour lequel ce pic disparaît totalement. Pour le même temps de recuit la *figure 5.32* prévoit le recouvrement de 95% de la surface totale de l'échantillon par les zones rugueuses. Sachant que la DRX ne parvient pas à mettre en évidence une phase d'épaisseur trop fine ; il est possible qu'une faible quantité de manganèse soit présente mais ne soit pas détecté. Nous pouvons donc supposer que la surface qui couvre les zones rugueuses est du manganèse qui n'a pas encore complètement diffusé, alors que les îlots de la couche rugueuse correspondent à des cristallites de la phase Mn_4Si_7 qui se forment à l'interface entre le silicium et le manganèse. Ceci pourrait également expliquer la croissance latérale des zones rugueuses sur toute la surface et la taille comparable des îlots. La taille et la forme circulaire des îlots, qui constituent la zone appelée zone rugueuse, ne sont alors contrôlées que par l'état de l'interface Mn/Si lors de la chauffe, donc des conditions de dépôts et de l'état de la surface du silicium lors du dépôt de manganèse.

2.3. Evolution avec le traitement classique
2.3.1. Traitement pour des temps moyens (2h)

Pour des températures élevées, le temps minimum de recuit, dans le four classique, a été de 2h. Ceci est dû au fait que le temps de chauffe est beaucoup plus important pour le four classique que pour le RTP et que la température programmée pour le recuit met plus de temps à se stabiliser. L'évolution de la rugosité des surfaces pour les échantillons traités dans ce four est très différente de celle des échantillons traités dans la grande chambre pour les mêmes températures. La *figure 5.33.a*, présente des images optiques et la *figure 5.33.b* et *c* présentent des images AFM des surfaces obtenues pour un traitement de 2h à 900°C. Il apparaît des îlots, de formes et de dimensions identiques, qui s'organisent en cercle sur toute la surface. Ils croissent ensuite à partir du point-centre pour occuper toute la surface de l'échantillon.

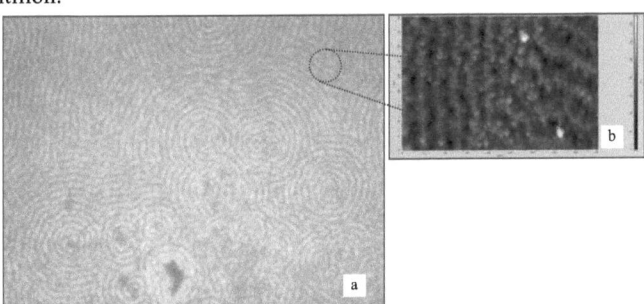

Figure 5.33 : images de la surface d'un échantillon obtenue par recuit classique sous 10^{-7} mbar à 905°C pendant 2h. (a)- image obtenue par microscopie optique, (b) images AFM.

Nous pouvons voir sur l'image du microscope optique une surface remplie de ces formes circulaires alors que les images de l'AFM présentent d'une manière plus précise la forme et les dimensions des îlots, le centre des clusters circulaires ainsi que les points d'intersection des clusters circulaires.

2.3.2. Traitement long (18h et plus)

Une fois que les clusters se sont complètement formés, si le traitement thermique est poursuivi à la même température de recuit, le phénomène de coalescence apparaît entre les îlots. Des trous de forme pyramidale dont les faces correspondent aux surfaces de plus faible énergies apparaissent pour 18h de recuit (cf. *Figure* 5.34).

Pour être certains que ces trous proviennent de la coalescence et non d'une évaporation, nous avons contrôlé la pression du vide tout au long du recuit. En effet, une évaporation doit s'accompagner d'un fort dégazage. Puisque ceci ne s'est pas produit, nous avons maintenu l'hypothèse que ces trous sont le résultat de la coalescence des îlots qui s'orientent alors de façon à minimiser l'énergie de surface.

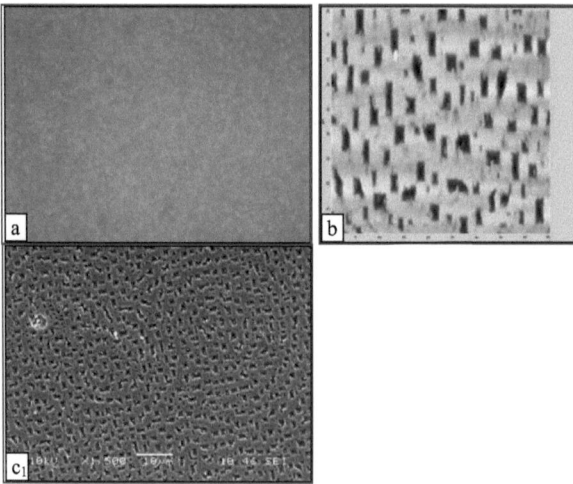

Figure 5.34 : images obtenues pour une surface d'un échantillon recuit à 890°C pendant 18h. a- image du microscope optique, b- image de la topographie de la surface obtenue par AFM et c une image obtenue par MEB.

Cette coalescence sous l'effet de la température crée alors des surfaces planes interrompues par des cratères de profondeur avoisinant la taille des clusters qui lui ont donné naissance (quelques centaines de nanomètres, entre 200 et 400nm). Les *figures 5.34.a* et b montrent des images obtenues respectivement par microscopie optique, par AFM et par MEB de la surface d'un échantillon recuit à 890°C pendant 18h.

Pour des recuits plus longs, les images obtenues confirment la coalescence des clusters On observe alors une altération des formes régulières des trous de la surface. Nous pouvons le constater sur la *figure 5.35* qui présente l'image de l'état de la surface d'un échantillon recuit à 890°C pendant 34h. Les trous qui présentaient une forme rectangulaire en surface avec des facettes orientées et qui étaient répartis d'une façon très régulière changent de forme, les orientations de leurs facettes sont moins nettes.

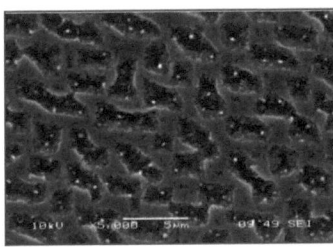

Figure 5.35 : Image obtenue par microscopie électronique à balayage, de la surface d'un échantillon recuit à 890°C pendant 34h.

3. Texturation de la phase $Mn_{15}Si_{26}$ obtenue aux HT
3.3. Caractérisation de la Texturation par des méthodes de DRX
3.3.1. Apparition des pics de la phase $Mn_{15}Si_{26}$

Dans le diagramme d'équilibres entre phases du système Mn-Si, les phases HMS sont présentées comme une seule phase $MnSi_{1.7}$. Comme on a vu précédemment, il existe plusieurs structures pour les HMS. Ces structures appartiennent toutes au système tétragonal, leurs paramètres de maille a (et à fortiori b) sont voisins tandis que leurs paramètres c sont très différents.

La formation de la phase $Mn_{15}Si_{26}$ est obtenue aux environs de 840 °C, elle croit ensuite en consommant la phase HMS qui l'a précédée, le Mn_4Si_7. On le reconnaît par le pic apparaissant à 17.4° qui correspond à la diffraction des RX sur la famille de plans (1 0 5). Un autre pic moins intense est visible aux environs de 53.8°, il correspond à la diffraction des rayons X sur la famille de plans (3 0 15) qui est parallèle à la précédente.

Pour le pic qui apparait à 2 Théta voisin de 33°, c'est le pic qui provient de la raie 400 du Silicium via le rayonnement $\lambda/2$.

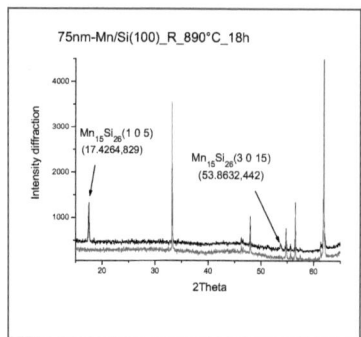

Figure 5.36 : diffractogramme de l'échantillon contenant Mn15Si26 (en noir) et du substrat de silicium sans le film de manganèse recuit dans les mêmes conditions (en rouge sur la figure).

3.3.2. Mise en évidence de la texturation par la méthode des offsets.

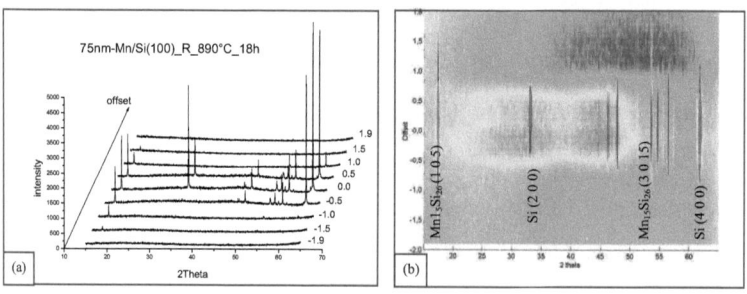

Figure 5.37 : mise en évidence de la forte texturation du film de siliciure sur le substrat de silicium. Les pics du siliciure disparaissent presque aux mêmes offsets que ceux du silicium. (a)- représentation de plusieurs scans en 2D, (b)- figure en 3D dans laquelle l'intensité des pics est représentée par le niveau de couleur

La méthode des offsets est en général appliquée pour éliminer les pics de diffraction provenant du substrat de silicium. Ces pics sont en effet très intenses et ils peuvent masquer des pics correspondant au film analysé. Elle consiste en une rotation de l'échantillon depuis sa position initiale de telle sorte que l'angle formé par le rayon incident et le plan normal à la surface de l'échantillon diffère de celui que fait l'angle réfléchi avec la normale au plan de la surface de l'échantillon. Quand les angles sont identiques, l'offset est nul.

Comme nous l'avons indiqué dans le paragraphe précèdent, une seule phase est présente dans le film après recuit à 890°C pendant 18h. Cette phase a été mise en évidence par la présence de 2 pics de diffraction qui caractérisent des familles de plans parallèles. Nous pouvons donc supposer que le film est fortement texturé. Cette hypothèse est supportée par la méthode des offsets. En effet, pour des offsets compris entre -2° et 2°, nous remarquons que l'intensité des pics présents à 17.4° et 53.8° varie dans le même sens que celle des pics du substrat de silicium. La *figure 5.37* montre cette apparition et disparition des pics du film avec ceux du substrat. Sur la *figure 5.37* b, les couleurs bleu et blanc représentent respectivement l'intensité la plus faible et la plus élevée, la couleur rouge est intermédiaire. Nous voyons ainsi clairement que les pics du siliciure et ceux du silicium apparaissent pour les mêmes offsets, aux incertitudes près (dues à la largeur de l'intervalle) ; les plans de diffraction du siliciure doivent donc être parallèles à ceux du silicium qui correspondent à la famille de plans (100). L'intensité de ces pics est maximale pour un offset égal à zéro.

3.4. Figures de pôles

La *figure 5.38* montre les résultats de caractérisation et de simulation de la texturation du film de siliciure sur le substrat de silicium (100). Nous avons donc pris une orientation (100) du silicium pour simuler le diagramme à la longueur d'onde K_α moyenne du Cuivre utilisé dans le diffractomètre avec lequel nous avons fait toutes les caractérisations de diffraction des rayons X. La *figure 5.38.a* a été obtenue pour l'échantillon dont la caractérisation par DRX est présentée sur la *figure 5.37*. Cette figure de pôles a été réalisée pour l'angle 2θ = 17.4° et l'angle χ variant entre 0 et 80°. Nous pouvons remarquer que la symétrie d'ordre 4 qui apparaît sur la figure de pôles ne peut pas appartenir au film de siliciure dont la maille ne peut pas présenter cette symétrie ; on peut alors penser que ces pics proviennent du substrat de silicium.

En simulant la figure de pôles {442} et {100} pour un substrat de silicium, nous avons obtenu les images a et b de la *figure* 5.38. Nous pouvons alors facilement remarquer la contribution, du type monocristallin, du substrat qui confirme l'hypothèse que nous avons faite ci-dessus.

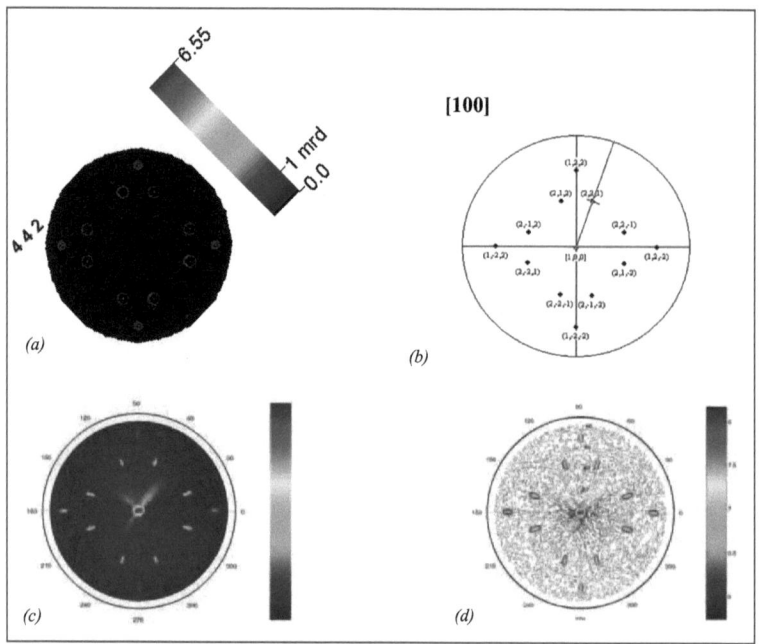

Figure 5.38 : présentation de la figure de pôles et résultats de simulation du cristal de silicium (a et b) les deux figures correspondent respectivement aux figures de pôles {442} et {100}. Les figures(c et d) sont des figures de pôles et en contour suivant {105} de la phase $Mn_{15}Si_{26}$ du film, obtenues pour un échantillon recuit à 890°C pendant 18h.

Il est clair alors que tous les pics visibles sur la figure de pôles hormis celui du centre appartiennent au substrat de silicium. Les deux figures de pôles simulées pour les directions [442] et [100] montrent bien tous les pics sauf celui du centre. La famille de plans (100) du silicium étant parallèle à la surface de l'échantillon, il est alors évident que les pics qui apparaissent sur la figure expérimentale correspondent à ceux obtenus par simulation pour la direction [100].

3.5. Plans d'épitaxie du $Mn_{15}Si_{26}$ sur Si (100)

En utilisant les diffractogrammes des *figures 5.36, 5.37* et la figure de pôles présentée sur la *figure 5.3*, nous pouvons proposer une épitaxie du plan (105) de la phase $Mn_{15}Si_{26}$ sur le plan (100) du silicium.

La *figure 5.39* présente l'épitaxie du plan (105) de la phase *$Mn_{15}Si_{26}$* sur le plan (100) du Si. Le rapport des paramètres de maille « a » et « b » pour *$Mn_{15}Si_{26}$* et Si est respectivement 1.018 et 1.020. Une relation d'épitaxie est donc très probable. Ceci confirme notre explication.

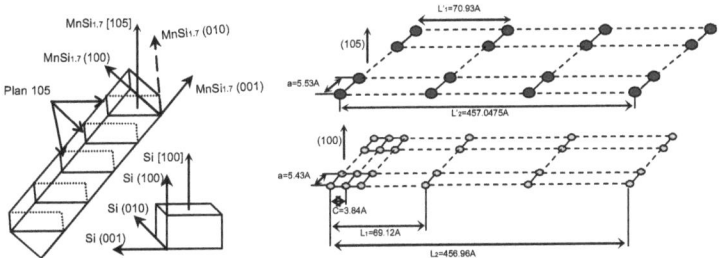

Figure 5.39 : Représentation de la disposition du plan (105) de $MnSi_{1.73}$ sur le plan (100) du Si.

4. Caractéristiques thermoélectriques

Pour un matériau thermoélectrique, les paramètres importants sont ceux qui interviennent dans le facteur de mérite, à savoir le coefficient Seebeck, la conductivité électrique et la conductivité thermique. Dans ce travail nous avons pu mesurer la résistivité et le facteur Seebeck de nos échantillons, le facteur de puissance qui est le produit du coefficient de Seebeck et de la conductivité électrique a ainsi pu être déterminé. Par contre, il ne nous a pas été possible de déterminer la conductivité thermique. La mesure de cette dernière pour des films minces ne nous a pas été possible.

4.1. Résistance de surface

Nous avons commencé la caractérisation thermoélectrique de l'échantillon, obtenu par traitement thermique dans un four classique (qui nous donne des résultats d'épitaxie), par une caractérisation de la résistance de surface. Celle-ci est présentée sur la *figure 5.40*. Dans cette figure nous pouvons voir l'évolution de cette résistance entre 47 °C (320 K) et 777 °C (1000K), cette résistance présente une valeur assez importante (320 Ω/□) aux faibles températures, elle augmente avec la température jusqu'aux environs de 800 Ω/□ à la température de 470K puis diminue jusqu'à atteindre une valeur très faible (3Ω/□) aux environs de 1000K. Nous savons cependant que la résistance du silicium, à une température proche de 600°C, devient faible et contribue fortement à la résistance de surface mesurée.

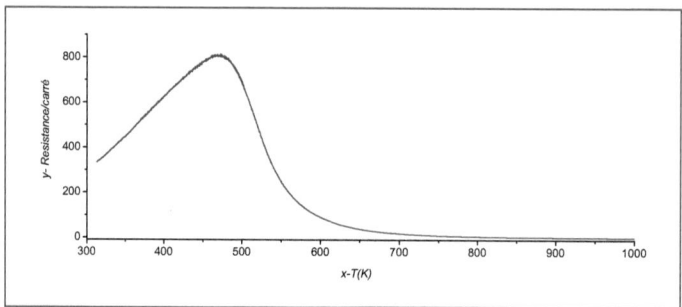

Figure 5.40 : Courbe représentant l'évolution de la résistance de surface en fonction de la température pour un échantillon recuit à 890 °C pendant 18h.

4.2. Pouvoir thermoélectrique

Les résultats des mesures du pouvoir thermoélectrique sur des échantillons traités à 890°C pendant *18h* et à *900°C* pendant *6h30min* sont présentés sur les *figures 5.41 a* et *b* respectivement. Ces résultats, ont été obtenus à l'institut Ioffe de St-Petersburg. Pour les températures inférieures à 550K, le coefficient Seebeck est positif, le matériau est donc de type P. Une valeur de *1000 µV/K* a été obtenue pour des températures voisines de *460 K*. Cette valeur diminue ensuite quand la température augmente, elle s'annule à 550K et devient négative pour les températures plus élevées. A hautes températures, le matériau est alors de type n. La valeur maximale du coefficient (*-350 µV/K*) est obtenue pour 610K (885°C).

La courbe de l'évolution du pouvoir thermoélectrique en fonction de la température montre des valeurs nettement supérieures à celles reportées dans la littérature pour les siliciures de manganèse massifs et le silicium. Il nous est malheureusement impossible de connaître la contribution du substrat de silicium dans ces résultats.

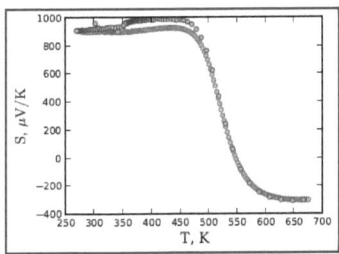

Figure 5.41. Résultats des mesures du pouvoir thermoélectrique de deux échantillons recuits à 890°C pendant 18h.

4.3. Facteur de puissance

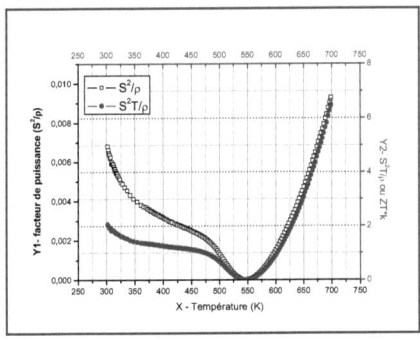

Figure 5.42. Evolution en fonction de la température du facteur de puissance et de son produit avec la température pour un échantillon obtenu par recuit de 18h à 890°C

Le facteur de puissance est calculé à partir de la résistivité 'ρ' du matériau et de son facteur Seebeck 'S', il est donné par : $\dfrac{S^2}{\rho}$

Puisqu'il varie avec la température, on peut aussi utiliser l'expression $\dfrac{S^2 T}{\rho}$ pour étudier son évolution. Les valeurs obtenues sont présentées sur la *figure 5.42*.

Nous pouvons voir que le maximum de ce facteur de puissance est obtenu pour des températures élevées. La valeur maximale obtenue est 6,5 ($S^2 T/\rho$) pour 700K.

Cette valeur est obtenue pour la température maximale à laquelle nous avons pu effectuer les mesures. Nous pouvons supposer d'après l'allure de la courbe que cette valeur est encore supérieure pour des températures plus élevées. En effet la résistivité diminue quand la température augmente.

4.4. Conductivité thermique

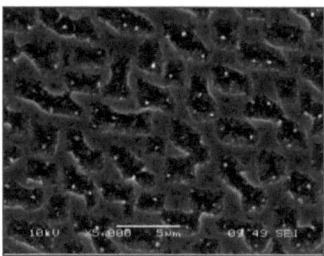

Figure 5.43. Micrographie (MEB) d'un échantillon obtenu par recuit 18h à 890°C.

Dans ce travail nous n'avons pas pu mesurer la conductivité thermique du matériau obtenu mais nous pouvons affirmer que sa valeur sera inférieure à celle du matériau massif. En effet, la conductivité thermique dans un solide se fait en partie par la propagation de l'agitation thermique des atomes du réseau ; ce transfert a lieu d'un atome à un autre grâce aux phonons. Aussi la présence d'un défaut sur le chemin de propagation de ces phonons engendrera une absorption des phonons et donc un abaissement de la conductivité thermique. C'est le cas si on place un atome lourd dans des sites inoccupés (ex des clathrates et des skutterudites) ou si on introduit des lacunes ou de la porosité dans le réseau. Avec les porosités qui se sont formées à la surface de nos matériaux (cf. *Figure* 5.43), la conductivité thermique sera abaissée par rapport à celle d'un matériau massif ou d'un film mince sans porosité.

Références:

- *[Walser'76]: R.M. Walser and R.W. Bené, Appl. Phys. Lett. 28 (1976) 264-265.*
- *[Tsaur'81]: B.Y.Tsaur, S.S. Lou, J.W. Mayer and M.-A. Nicolet. Appl. Phys. Lett. 38 (1981)922-925.*
- *[Béné'82]: R.W. Béné. Appl. Phys. Lett. 41(1982) 529-531.*
- *[Eizemberg'82]: M. Eizemberg and K.N Tu, J. Appl. Phys. (1982) 536885.*
- *[Gilles'86]: D. Gilles, W.Berghol, and W. Schröter, J. Appl. Phys. 59 (1986) 3590.*
- *[D'heurle'86]: F. M. d'Heurle, P. Gas, J. Mater. Res. 1 (1986) 205.*
- *[Zhang'91]: Lin Zhang and Douglas G. Ivey, J. Mater. Res. 6 (1991) 1518-1531.*
- *[Barge'93]: T, Barge, « Formation de siliciures par réaction métal- silicium: Rôle de la diffusion », Thèse de doctorat, Université Aix-Marseille III, 1993.*
- *[Pretorius'96]:R. Pretorius, Thin solid films 290-291(1996) 477-484.*
- *[Teishert'96]:St. Teishert, R. Kilper, J. Erben, D. Franke, B. Gebhard, Th. Franke. P. hâussler, W. Henrion, H. Lange, Appl. Surf. Sci., 104/105 (1996) 679-684.*
- *[Wang'97]: J.Wang, M. Hirai, M. Kusaka, M. Iwami, Appl. Surf. Sci. 113/114 (1997) 53-56.*
- *[Nagao'99]: T. Nagao, S. Ohuchi, Y. Matsuoka, S. Hasegawa, Surf. Sci. 419 (1999) 134-143.*
- *[Kamilov'00]:T.S. Kamilov, D.K. Kamilov, I.S. Samiev, Kh. Kh. Khusnutdinova, R.A. Muminov, V.V. Vlechkovskaya Technical Physics, 50(8)(2005) 1102-1104.*
- *[Teichert'01]:S. Teichert, D.K. Sarkar, S. Schwendler, H. Giesler, A. Mogilatenko, M. Falke, G. Beddis, H.-J. Hinneberg, Microelectronis ingineering 55 (2001) 227-232.*
- *[Souno'01]: Y. Souno, Y. Maeda, H. Tatsuoka, H. Kuabara, J. of Crystal Growth 229 (2001) 527-531.*
- *[Okada'01-1]: S. Okada, T. Shishido, M. Ogawa, F. Matsugawa, Y. Ishizawa, K. Nakajima, T. Fukuda, T. Lundström, J. of crystal growth 229 (2001) 232- 536.*
- *[Okada'01-2]:S. Okada, T. Shishido, Y. Ishizawa, M Ogawa, K. Kudou, T. Fukuda, T. Lundström, J. Alloys and compounds 317-318 (2001) 315-319.*
- *[Tatsuoka'01]:H. Tatsuoka, T. Koga, K. Matsuda, Y. Nase, Y. Souno, H. Kuwabara, Paul. D. Brown, colin J. Humphreys, Thin Solid Films, 381 (2001) 231-235.*

- [Yang'01]: J. Yang, N. Chen, Z. Liu, S. yang, C. Chai, M. Liao, H. He, J. of Cristal growth 226 (2001) 517-520.
- [Xie'02]: E.Q. Xie, W.W. Wang, N. Jiang and D.Y. He, Acta Metallica Sinica (english letters)1(2)(2002)221-226.
- [Dybkov'02]: V.I. Dybkov 'reaction diffusion and solid state', The PIMS publication Kyiv 2002.
- [Özcan'02]:A. S. Özcan, K. F. Ludwig, Jr and P. Rebbi, J. Appl. Phys. 92(9) (2002) 0021-8979.
- [Mogilatenko'02]: A. Mogilatenko, M. Falke, S. Teichert, H. Holtenbach, G. Beddis, H.-J. Hinneberg, Microelectronic Engineering 64 (2002) 211-218.
- [Adambaev'03]: K. Adambaev, A. Yusupov, and K. Yakoubov, Inorg. Mater. 39(9) (2003) 942-946.
- [Krause'07-1]:M.R. Krause, A.J. Stolenwerk, J. Reed, and V.P. Lanella. Phys. Rev. B 75 (2007) 205326.
- [Yamashita'03]: O. Yamashita, J. Appl. Phys 95(1).
- [Tanaka'03]: M. Tanaka, Qi Zhang, M. Takeguchi, K. Furuya, Surface science, 532-535 (2003)946-951.
- [Detavernier'04]: C. Detavernier, C. Lavoie, and J. Jordan-sweet, Phys. Rev. B 69 (2004) 174106.
- [Lippitz'04]: H. Lippitz, J.J. Paggel, P. Fumagalli, Surf. Sci.. 575(2005) 307-312.
- [Lippitz'04]: H. Lippitz, J.J. Paggel, P. Fumagalli, Surf. Sci. 575 (2005) 307-312.
- [Kamilov'05]: T.S. Kamilov, D.K. Kabilov, I.S. Samiev, Kh. Kh. Khusnutdinova, R.A. Muminov, V.V. Vlechkovskaya, Technical Physics, 50(8) (2005) 1102-1104.
- [Jung'05]: S.W. Jung, G.C. Yi, Y. Kim,S. Cho, and J. F. Webb. Electronics Materials Letters, 1(1) (2005) 53-57.
- [Hortomani'06]: M. Hortomani, H. Wu, P. Kratzer, and M. Sheffer, Phys. Rev. B 74 (2006) 205305.
- [Hou'07-1]: Q. R. Hou, W. Zhou, Y. B. Chen, D. Liang, X. Feng, H. Y. Zhang, and Y. J. He Phys. Stat. sol.(a) 204(10) (2007).
- [Hou'07-2]: Q.R. Hou, W. Zhao, Y.B. Chen, D. Liang, X. Feng, H.Y. Zhang and Y.J. He, Phys. Stat. Sol. (a) 204(10) (2007) 3429-3437.
- [Krause'07-2]: M.R. Krause, A.J. Stolenwerk, M. Licurse, and V.P. Lanella. Appl. Phys. Lett. 91 (2007) 041903.
- [Zeng'08]: Li Zeng, A. Huegel, E. Helgren, F. Hellman, C. Piomonteze, and E. Arenholz, Appl. Phys. Lett 92. (2008) 142503.
- [Knaepen'08]:W. Knaepen, C. Detavenier, R.L. Van Meirhaeghe, J.J. Sweet, C. Lavoie, Thin solid Films 516 (2008) 4946-4952.
- [Wang'08]: J.L. Wang, W. F. Su, R. Xu, Y.L. Fan and Z.M. Jiang, J. Raman Spectroscopy, 40 (2009) 335-337.
- [Gordon'08]: R.G. Gordon, H. Kim, Yeung Au, H. Wang, H. B. Bhandari, Y. Liu, D. K. Lee and Y. Lin, Proceedings of the Metallization conference: September 23-25, 2008, san Diego, California, U.S.A. and October 8-10, 2008, at the University of Tokyo, Tokyo, Japan.

-       *Materials Research Society conference proceedings. Warrendale, Pa: Materials Research Society.*
- *[Detavernier'08]:* C. Detavernier, J. Jordan-Sweet and C. Lavoie, J. Appl. Phys. 103 (2008) 113526.
- *[Smeets'08]:* D. Smeets, A. Vantomme, K. De Kayser, C. Detavernier, and C. Lavoie, J. of Appl. Phys 103, (2008) 063506.
- *[Pichaunusakorn'09]:* P. Pichaunusakorn and P.R. Bandaru. Appl. Phys. Lett. 94 (2009) 223108.
- *[Zhou'10]:* A.J. Zhou, X.B. Zhao, T.J. Zhu, T. Dasgupta, C. Stiewe, R. Hassdorf, E. Mueller, Intermetallics 18 (2010) 2051-2056.
- *[Zirmi'10-1]:* R. Zirmi, A. Portavoce, A. Asaadi, M.S. Belkaid, M.C-Record, Siliciure de Manganèse en films minces pour applications thermoélectriques, journées de l' IM2NP Giens 2010.
- *[Zirmi'11]:* R.Zirmi, A.Portavoce, P. Boullay, R. Delattre, D. Chateigner, M.S. Belkaid, M.-C. Record, *"On the investigation of the HMS thin film formation and their structural characterization", in European-Material Research Society"* E-MRS 2011 spring Meeting May 9-13, 2011. Nice, France.
- *[Zirmi'12]:*R. Zirmi, A. Portavoce, M.S. Belkaid, M.-C. Record, *"Highly Texture Mn15Si26 Film Obtained by High-Temperature Treatment"*, J. ELECTRONIC MATERIALS, 41(12) (2012) 3423-3426(2012).

Conclusion Générale et Perspectives

L'objectif de ce travail a été d'étudier le système Mn/Si, et les différents siliciures résultant de la réaction en phase solide d'un film de manganèse déposé sur un substrat de silicium. Ceci dans le but de connaître les propriétés thermoélectriques de ces phases en films minces qui, comme le $Mn_{15}Si_{26}$, présentent déjà de bonnes propriétés sous forme massive.

Ce travail a permis d'obtenir plusieurs siliciures de manganèse, parmi lesquels le Mn_3Si, le MnSi, le Mn_4Si_7 et enfin le $Mn_{15}Si_{26}$, qui présente des propriétés thermoélectriques intéressantes. Ce dernier a été obtenu pour des températures relativement élevées.

Nous avons mis en évidence la première phase qui se forme dans le système Mn/Si en film mince aux basses températures. Nous avons ensuite suivi la séquence de formation des phases de ce système en utilisant la diffraction des Rayons X, le but étant de maitriser leur élaboration. Nous avons également pu expliquer dans ce travail, en comparant nos résultats des caractérisations in-situ à ceux obtenus dans des travaux antérieurs (les travaux de Zhang et Eizenberg), les conditions d'obtention de la phase Mn_5Si_3. Ces conditions sont étroitement liées à l'épaisseur de la phase précédemment formée Mn_3Si.

Nous avons ensuite proposé une correction du modèle de Zhang pour la séquence de formation des phases aux basses températures (~ 400°C). Les températures de formation des siliciures riches en silicium ont aussi été obtenues par caractérisation DRX in-situ.

L'étude de la formation des phases a été effectuée sur deux types d'échantillons : pour l'un, le dépôt de Mn sur le substrat de silicium monocristallin a été obtenu par évaporation, pour l'autre, le dépôt a été obtenu par pulvérisation cathodique. Les résultats obtenus dans les deux cas sont identiques. Deux types de traitement thermiques ont également été utilisés : un recuit rapide dans un four RTP et un recuit dans un four classique. L'évolution de la rugosité de surface ainsi que la formation des phases ont été étudiée pour les deux types de traitements thermiques.

La phase $Mn_{15}Si_{26}$ a été obtenue pour des températures relativement élevées (>870°C) et des temps de recuits assez importants (18h) dans le four classique. Cette phase semble présenter des caractéristiques thermoélectriques très intéressantes : le film de 400 nm de ce siliciure sur substrat de Si (100) présente un pouvoir thermoélectrique (facteur Seebeck) supérieur à 1000 µV/°C à la température ambiante et -350 µV/°C à 610°C. A partir de ces valeurs et de celles de la résistance de surface de ce matériau déterminée par la technique des quatre points, nous avons obtenu un facteur de puissance qui avoisine $S^2/\rho \approx 0.01$ W/(m.K^2) à la température de 425°C. En multipliant par la température T, nous obtenons $S^2T/\rho \approx 7$ W/(m.K) pour la même température. Il faut cependant souligner que ces valeurs ne correspondent pas aux caractéristiques intrinsèques du film de HMS, il existe en effet une contribution du substrat de silicium que nous ne sommes pas en mesure d'évaluer.

Nous n'avons pas pu déterminer la conductivité thermique de nos échantillons, mais les analyses de surfaces des films montrent la présence de trous d'une profondeur de 400 nm régulièrement répartis, ces derniers pourraient réduire fortement la propagation des phonons et ainsi abaisser la conductivité thermique de ce matériau par rapport à celle obtenue dans les HMS massifs.

Dans un futur proche et parmi nos perspective de la suite de ce travail nous envisageons de :
- mettre au point un système de mesure de la conductivité thermique k de ce matériau pour pouvoir obtenir le facteur de mérite $ZT = S^2T/pk$.
- Comprendre le phénomène de l'auto-organisation de la surface du point de vue cristallographique.
- Réaliser ces matériaux sur des substrats de silicium très minces, pour pouvoir obtenir des éléments sous forme de grilles orientées, afin de réaliser des modules thermoélectriques anisotropes dont la technologie de fabrication sera adaptée à l'industrie de la fabrication à grande échelle.
- Utiliser ce matériau dans le cadre d'un système hybride sur la face arrière d'une cellule photovoltaïque pour permettre le refroidissement du corps de la cellule impliquant un fonctionnement de la cellule sans pertes de rendement ou apporter un surplus de génération d'énergie (thermoélectrique) qui compensera les pertes dues à l'augmentation de la température de la cellule et ainsi maintenir le rendement globale le la cellule photovoltaïque.

I want morebooks!

Buy your books fast and straightforward online - at one of the world's fastest growing online book stores! Environmentally sound due to Print-on-Demand technologies.

Buy your books online at
www.get-morebooks.com

Achetez vos livres en ligne, vite et bien, sur l'une des librairies en ligne les plus performantes au monde!
En protégeant nos ressources et notre environnement grâce à l'impression à la demande.

La librairie en ligne pour acheter plus vite
www.morebooks.fr

SIA OmniScriptum Publishing
Brivibas gatve 197
LV-103 9 Riga, Latvia
Telefax: +371 68620455

info@omniscriptum.com
www.omniscriptum.com

Printed by Books on Demand GmbH, Norderstedt / Germany